蓝带甜点师的百变吐司

于美瑞 著

本书献给

常吃吐司和三明治的　于永兆 先生

常吃汉堡不吃吐司的　于本善 先生

河南科学技术出版社

·郑州·

推荐序

The daily bread is the gift of God

Creativity and innovations are contents of our daily life in all senses. Our taste buds have been delighted to enjoy globally creations of great Chefs from international backgrounds. Sandra is one of the greatest individuals with a very passionate soul to pamper her friends with homemade recipes from her creations. The enjoyment of unique and amazing combinations of recipes to share with friends and the world are the reflection of true passion.

May we bless her love for the beauty of food.

A friend and admirer of her creations.

General Manager
The Sherwood Taipei

推荐序

面包，是上帝恩赐的礼物

创意是我们日常生活中不可缺少的元素。世界顶级大厨的创意美食，会给我们带来极其美妙的味觉体验。美瑞的甜点，是她热情的灵魂所创造出来的艺术。我们这些朋友与亲人，很有幸可以品尝到那些独一无二又难忘的美味。现在，感谢美瑞愿意奉献出她多年心血的结晶，让大家可以亲手将普通的吐司做出令人惊艳的变化，在居家生活中就可以享受到那上帝恩赐的礼物。

愿我们能一直被她那份对食物的爱与热情所眷顾。

粉丝挚友
西华饭店总经理
夏基恩 Achim v. Hake

作者序

写在玩吐司前面

这是一本吃吐司的书，
也是一本玩吐司的书。

我爱吐司，相比有人爱做吐司来说，我爱的主要是吃……

吐司和我的生活密不可分，对我来说吐司适合出现在任何时刻。

周末，睡到近午时起床，穿着睡衣，打着赤脚，溜进厨房，打开冰箱，取出冰冰凉凉的牛奶，不一会儿，两片热腾腾的吐司也从烤箱跳了出来，把法国奶油丢到面包上，奶油瞬间熔化，再用汤匙挖出罐内的手工果酱，滑润细致的奶油与酸酸甜甜的果酱在口中合奏着“交响曲”，再来一杯现打的果汁，休闲的一天就从美味的早午餐开始了！

商务午餐的最好选择莫过于鲜绿生菜、切片西红柿与火腿的搭配，做成简单又方便的三明治。

英式下午茶的三明治，有平衡甜点的功能。在稍有饥饿感时，咬一口黄瓜鲔鱼三明治，不但别有乐趣而且回味无穷。

只要一饿，哪怕是半夜三更，脑袋总会闪过想吃吐司的念头。

吐司还可以烤干变成脆脆的面包干，是沙拉与汤料的好搭档。

任何一种吐司都可以玩。让我们一起吃面包，做面包，玩面包吧！

目录
contents

1
早午餐，就爱三明治！

2
惊喜吐司盒，超丰盛！

3
吐司自己做，就靠面包机！

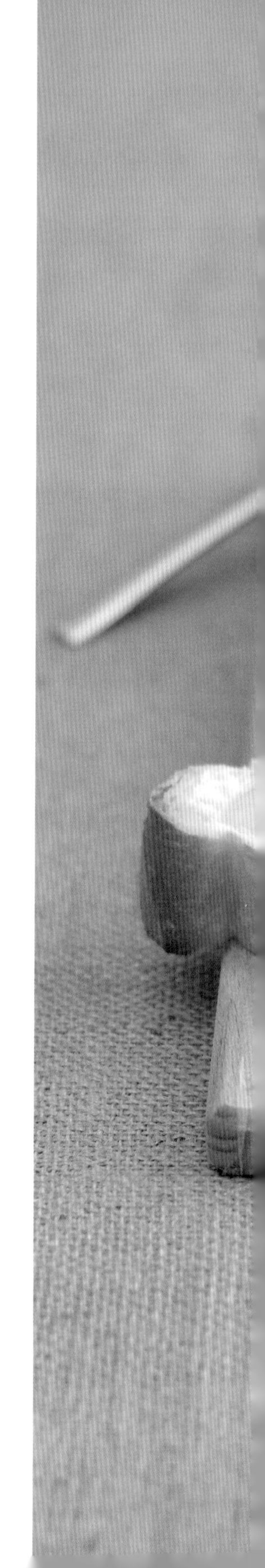

4
吃剩的吐司，变花样！

后记

有关吐司的小故事

曾经有人问爱因斯坦："世界上最伟大的发明是什么？"他毫不犹豫地回答："面包。"

谁发明了面包？

面包是由古代埃及人和巴比伦人发明的。最初，他们将面粉和入盐水制成面包，但面团没有经过发酵，吃起来又干又硬。后来，埃及人在无意中将面团置于阳光下，面团受热后自行发酵，再把面团放在火上烤熟，做出来的面包就变得松软可口了。后来埃及人的面包自然发酵技术传入希腊和罗马。公元前5世纪，欧洲一些城市相继出现专业的面包坊。

烤吐司的传说

关于烤吐司的起源，有一个传说。有一位法国人一直想要发明一种机器可以把一片片的面包变成黄金，后来国王知道了，限他两星期内把这种机器发明出来，当然，最后他并没有成功，不得已只好拿着面包和烤箱硬着头皮去见国王。

当面包从烤箱中跳出来时，这位先生差点被砍头，不过他灵机一动，在吐司上放了奶酪献给国王吃。国王吃了之后，觉得真是美味，简直比黄金更有价值，于是没有砍他的头，并且用女儿的名字 Toast 为面包命名。因此，就有了现在的吐司。

面包
小常识

※ 烤箱是什么时候发明的？
14 世纪，面包烤炉在欧洲问世，大大减轻了制作面包的劳动强度。
※ 酵母菌是谁发现的？
17 世纪，荷兰人列文虎克发现了酵母菌，从此，用酵母菌发酵的做法开始在欧洲流行。
※ 什么时候有机器帮忙做面包呢？
18 世纪以来，随着机器和电力的出现，面包生产进入了机械化和自动化的时代。
※ 面包有哪些分类呢？
面包按口味可分为咸面包和甜面包，按用途可分为主食面包和点心面包，按形态可分为正方形、长方形、圆形、棍形和花形面包等，按原料可分为全麦、黑麦、马铃薯、杂粮面包等，按添加物又可分为牛奶、果酱、水果干、蜂蜜、栗子、巧克力、带肉面包等，而习惯上人们主要按照烘烤方式将面包分为软面包和硬面包两大类。

欧洲白吐司
经典配方大公开

材料

500g 高筋面粉
10g 盐
20g 天然酵母
20g 糖
300mL 水
60g 奶油
30g 奶粉

模型

280g 方形模
320g 圆形模

做法

1 酵母和水混合，将面粉、糖、盐、奶粉、酵母水等材料依序倒入搅拌机，酵母与糖、盐要分开放入，再混合搅拌，待材料混合成面团之后，再加入奶油，搅拌约 15 分钟，直到面团成形，即面团表面细致光滑，手感柔软有延展性，扒开一小块面团，双手拉伸至极限，面团呈现一层薄膜状。

2 发酵：将面团放入大缸盆内，置于温暖处，盖上湿布，静置约 2 小时，直到面团比原来大两倍。

3 分割：将面团取出，将面团中的空气打出后进行分割，并将面团揉成圆形，再由内向外擀成枕头状的长方块，放入吐司模型中，等待发酵，放约 1 小时，直到面团发酵至模型的八分高。

4 烘焙：将吐司模放进已预热至 230℃的烤箱，烤至吐司内部面团变熟、外形呈现金黄色。

5 吐司出炉后，随即将吐司倒扣在铁架上放冷。

吐司的成分及功能

面粉：高筋面粉。
酵母：分为干酵母、新鲜酵母两种，酵母功能是帮助面团膨胀增强弹性。
水：水温会影响面团发酵及面包的风味，以 30 ~ 40℃最佳，不可超过 40℃，太冷酵母孢子不易萌发，太热会把酵母孢子烫死。
糖：帮助酵母发酵，加深面包的色泽与风味。
盐：盐在面团中能产生蛋白分解酵素，抑制酵母发酵，强化面团筋度，适当的盐可改善面团的发酵状况，让面团更富有弹力与调味功能。未加盐的面团是没有伸展性的。
油：让面包柔软且极具香味。

吐司，最正确的选择

我逛面包店和逛超市一样自然。我发现每家面包店都会留最好的位置摆上吐司，不管哪种吐司，面包店似乎都不约而同，让吐司来做质量保证，扛起形象代言的重担。在面包的原材料、发酵方法、松软的弹性、绵密的口感和调味方法等方面，面包店都各有特色，这也是吐司百吃不厌的关键。

吐司是面包界的常青树，没卖完的吐司可以隔夜做三明治，或变成另一种产品，如：枫糖烤吐司，咸、甜饼干，就像在法国将隔夜的可颂（牛角面包）做成杏仁可颂，通过再次利用提高价值。

换句话说，许多面包店都会运用一样的吐司面团来创造复杂多样的口味。椰子、红豆、巧克力、甜葡萄吐司是甜吐司的霸主，加了起司、洋葱、火腿还可代替咸吐司，不管早、晚都少不了它，从早餐、野餐到宴饮，搭配无限制，冷热皆有不同风味，也是两餐中间不可缺少的好点心。

相比重奶油面包和丹麦千层酥，白吐司走的是亲民路线，当你面对五六十种面包举棋不定时，白吐司永远是你最佳也是最安全的选择。

选择吐司，有三种判断标准：

1. 色相佳

漂亮的吐司，外表如邻家女孩般可爱，外形浑厚饱满，弹性奇佳，表面轻弹可破，没有凹陷及裂痕，里面则有几乎看不见的细致气孔。

2. 有内涵

面粉的质量好，散发独特清香，发酵时间够，透气又闪亮。柔软爽口，面包在唇舌间像与爱人亲吻般润泽，咀嚼时散发着甜度的清香，吐司种类繁多，每一款都有着独特的风味。

3. 够大牌

吐司若是店内的畅销或主打的商品，通常会被放在店内的明显位置，且是容易拿取的高度。每天固定时间出炉，绝对新鲜。

吐司挑一挑

看：

吐司只要看起来很好吃，就可以吃吃看。

触：

接触吐司时感觉柔软有弹性，就可以吃吃看。

闻：

靠近吐司能闻到天然香味，就可以吃吃看。

基本酱汁介绍

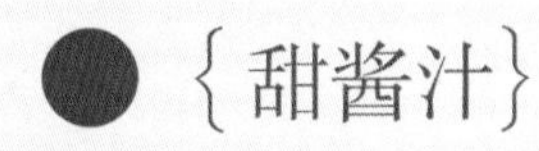

{甜酱汁}

肉桂糖浆

材料

半根　肉桂棒
少许　柠檬皮
200mL 佩德罗西梅内斯酒
（Pedro Ximenez）
80mL 枫糖浆

做法

枫糖浆、肉桂棒和柠檬皮一起放入锅中，加热至滚后离火，与酒混合。

杏仁奶油酱

材料

2个　全蛋
125g 杏仁粉（过筛）
125g 奶油（软化）
125g 糖

做法

将糖、蛋、杏仁粉混合均匀，最后加入奶油混合。

水果糖浆

材料

500g　混合莓果
（红醋栗、黑醋栗、覆盆子、草莓）
1根　香草豆荚（取籽）
1个　柠檬（榨汁）
1个　进口柑橘（榨汁）
20mL　茴香酒
250mL 柠檬酒
30g　糖
5片　吉利丁

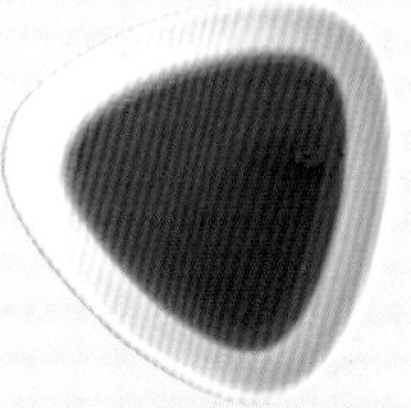

做法

冷冻莓果放室温解冻，吉利丁泡冰水软化沥干备用，将所有液体放入同一口锅，沸腾后加入糖、香草豆籽煮至滚，离火，放入吉利丁拌匀。

梅尔芭酱汁（覆盆子酱汁）

材料

120g　覆盆子果泥
20g　砂糖
1片　吉利丁

做法

吉利丁泡冰水软化，将水沥干。将覆盆子果泥倒入锅中，加热后放糖，糖化开后加与吉利丁拌匀，做成梅尔芭酱汁。（该酱汁传统做法是将新鲜覆盆子和红醋栗果冻、糖、玉米粉混合煮成。）

{咸酱汁}

特调美奶滋

材 料

25g 全蛋
20g 蛋黄
10mL 醋
少许 盐
250mL 色拉油

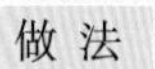
做 法

取一个大钵，将全蛋、蛋黄、盐、醋放入，使用搅拌器，一边搅拌，一边慢慢倒入色拉油，直到完成浓稠的美奶滋。

★鸡蛋美奶滋：用叉子将 200g 煮熟的鸡蛋捣碎，与 25g 特调美奶滋和 15g 特调奶油酱混合即成（做法参见 P.19）。

啤酒酱汁

材 料

40mL 啤酒
1 颗 蛋黄
1 大匙* 伍斯特酱
1 大匙 芥末酱
5mL 鲜奶油

做 法

1. 取一个大钵将蛋黄与鲜奶油混合成蛋液。
2. 将啤酒倒入小锅中，移至火炉上加热，加入伍斯特酱与芥末酱，边煮边搅拌。
3. 酱料煮滚之后，锅从火炉上移开，最后加入蛋液拌匀。

荷兰酱

材 料

3 个 蛋黄
半个 柠檬（榨汁）
125g 澄清奶油
少许 盐
少许 匈牙利红椒粉

做 法

将蛋黄放入大钵中，挤入柠檬汁，加入盐和红椒粉，大钵放在火炉上放了水的锅里，隔水加热，慢慢加入澄清奶油，一边加入，一边搅拌打发，直到酱汁浓稠。

★澄清奶油做法：将奶油块放入锅中，加热煮至奶油熔化，舍弃底部白色的油脂与水分，只使用黄色的油。

菠菜奶油酱

材 料

200g 奶油起司（cream cheese）
1 大把 菠菜
1 包 南瓜海鲜汤包（干粉）

做 法

将新鲜菠菜烫熟，彻底挤干水，奶油起司在室温中放置，取一个大钵将两者混合，加入汤包干粉拌匀。

*匙为烘焙书常用的称量单位。1 大匙 =15mL，1 小匙 =5mL。

莎莎酱

材 料

12个　罗马西红柿

2头　大蒜

1/4个　洋葱

1个　墨西哥辣椒

50mL　橄榄油

60mL　柠檬汁

少许　盐

1/4把　香菜（切碎）

少许　小茴香粉

做 法

1. 取一个稍深的烤盘，放入罗马西红柿、大蒜、洋葱、墨西哥辣椒，淋入橄榄油，放入已预热至200℃的烤箱，烤5~10分钟，直到蔬菜已软化。

2. 将大蒜、西红柿、辣椒和洋葱除去外皮，切丁，冷却后，连同橄榄油，放入搅拌机搅碎，再加入柠檬汁、盐、香菜及小茴香粉。

特调奶油酱（芥末奶油酱）

材 料

250g　无盐奶油

20g　芥末酱

5g　盐

1g　胡椒粉

做 法

取一大钵，将奶油室温软化之后，与芥末酱混合，再加入盐及胡椒粉调味。

法式白酱

材 料

250mL　牛奶

1/2个　蛋黄

50g　起司

少许　豆蔻粉

少许　盐

少许　胡椒粉

25g　炒面糊（Roux）

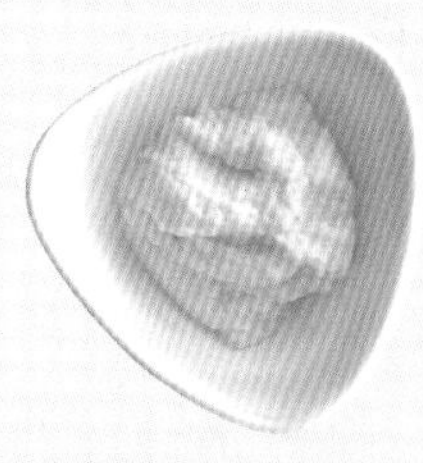

做 法

将牛奶倒入锅中，移至炉火上加热，直到牛奶沸腾，关火，加入炒面糊，和蛋黄一起混合，再开火，一边搅拌一边加入豆蔻粉、胡椒粉，直到白酱呈现浓稠状态，视口味加入盐调味，最后加入起司混合。

★炒面糊做法：将50g奶油放入锅中熔化，再加入少许面粉，炒成白色面糊冷却备用。

花生芹菜优格酱

材 料

1根　西洋芹菜

20g　花生酱

30g　千岛酱

20g　优格

少许　盐之花

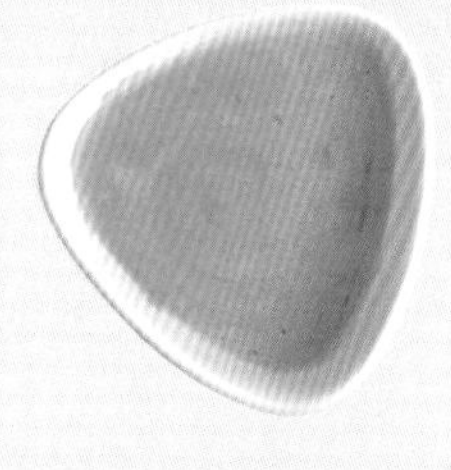

做 法

西洋芹菜洗净削皮，切成小丁与花生酱混合。千岛酱与优格拌匀，再与芹菜、花生酱混合，加入少许盐之花做成酱汁。

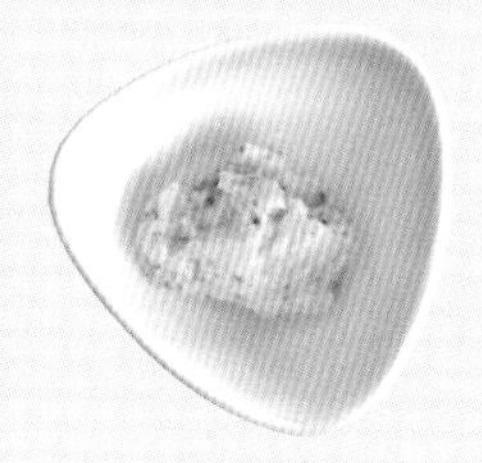

奶油大蒜酱

材 料

100g　特调奶油酱

30g　大蒜

做 法

将新鲜大蒜去皮捣碎后与特调奶油酱混合。

1 早午餐，就爱三明治！

电影《超完美娇妻》中，一夜之间，完全不会做家务的芭比变成了贤妻良母，不仅把整个家打理得窗明几净，还会一早就起来为三个儿子做早餐，其中一份是花生酱、果酱三明治，另一份是培根生菜西红柿三明治。

原来，成为贤妻良母要学会的第一件事，就是做三明治。

做三明治如果少了那些常用的材料：起司、火腿、鲔鱼、洋葱、蛋、西红柿片、黄瓜片、盐、胡椒、番茄酱、美奶滋等，会让你不知所措吗？看看能不能变换新食材，放手去做不一样的三明治！

吃吐司不会胖

一片 25g 白吐司含热量 75cal*

一片 25g 全麦吐司含热量 65cal

*cal 即热量单位名称“卡路里”的英文缩写，对应中文单位“卡”，非法定计量单位，1cal=4.186 8J。

白吐司❤ 梅尔芭吐司 & 草莓菠萝吐司❤ 梅尔芭甜点

梅尔芭吐司

材料

1片　白吐司
1大匙　蜜桃果酱

做法

1 烤箱预热至180℃，将白吐司放入烤箱中，烤至金黄色。

2 将吐司取出，用面包刀将吐司横切为两片，白色部分朝上，送入烤箱烤成金黄色，涂抹上蜜桃果酱趁热吃。

香脆极薄就是梅尔芭

1. 梅尔芭吐司（Melba toast）指极脆的吐司薄片，在台湾传统面包店是将隔夜吐司撒上白砂糖后烤干，所以厚度和一般吐司相仿。

2. 在欧美的超市常见整盒出售的吐司脆片、梅尔芭薄脆片，除了涂抹上果酱做成甜点之外，也可做成餐前开胃小咸点或下午的轻食，搭配茶点来食用。

梅尔芭甜点

材料

1片　草莓菠萝吐司
1个　水蜜桃
1罐　水蜜桃果酱
6个　新鲜覆盆子
50mL　鲜奶油
20g　砂糖
1片　吉利丁
120g　覆盆子果泥

做法

1 水蜜桃切一半，鲜奶油打发备用，吐司切大块。

2 用砂糖、吉利丁、覆盆子果泥制作梅尔芭酱汁（做法参见P.17）。

3 找一只高脚杯，放入草莓菠萝吐司，依序挤上水蜜桃果酱、鲜奶油，放上新鲜覆盆子，最后淋上梅尔芭酱汁，搭配水蜜桃，便完成了美味甜点。

小贴士

梅尔芭酱汁除了搭配新鲜水果之外，也可与冰淇淋、常温蛋糕及布丁一起食用。

※ 梅尔芭甜点的故事：这是一款薄而脆的吐司，由巴黎丽池饭店（Hotel Ritz Paris）第一任主厨、被誉为“法国料理之父”的奥图思特·埃思考菲儿（Auguste Escoffier，1846—1935）先生所创。1839年澳大利亚知名女高音尼尔森·梅尔芭（Nellie Melba，1861—1931）在进行世界巡回表演时，来到巴黎后下榻丽池饭店，主厨埃思考菲儿特地为远道而来的梅尔芭小姐设计了能保持身材又兼顾美味的甜点。于是，这道以新鲜水蜜桃为主料，再佐上酸甜的梅尔芭酱汁的甜点就被命名为梅尔芭甜点。至今在法国各大饭店、咖啡店，菜单上都少不了这道甜点。梅尔芭甜点有无限的变化，唯有水蜜桃及梅尔芭酱汁是不可缺少的。

葡萄厚片吐司♥

经典法式吐司

法式重奶油面包布里欧（Brioche）是法国人早餐常常吃的面包，里面柔软且有奶油香，外皮则是脆香。也可以蘸上蛋液和鲜奶油、使用澄清奶油煎成亮晶晶的金黄吐司（Pain de perdu），淋上枫糖浆、花蜜或鲜奶油。果酱可以在早上吃，搭配冰淇淋则是最好的餐后甜点哦！

材料

8片	葡萄厚片吐司（隔夜）
4个	蛋
500mL	牛奶
50mL	柳橙汁
20g	砂糖
20g	澄清奶油
适量	糖粉或枫糖浆
适量	草莓果泥
适量	蓝莓果酱

做法

1 取一口大锅放入牛奶、蛋、糖与柳橙汁混合，将隔夜吐司浸入，直到吐司完全吸收汁液。

2 将平底锅放在炉火上加热，加上少许奶油，待奶油熔化后，放入吐司，双面煎至金黄色。

3 将吐司放在盘内，撒上少许糖粉，淋上枫糖浆，即可与草莓果泥及蓝莓果酱一同享用。

草莓果泥的简便做法

将200g新鲜草莓切碎后，淋上半个柠檬汁、半个柳橙汁，一起放在锅内。将锅放到火炉上，小火一边煮一边搅拌，当水果煮软，汁液收干时就可以离火。没吃完的果泥要冷藏保存。

吐司魔方

※ 使用当天出炉的吐司做法式吐司，味道不如用隔夜吐司。

※ 厚片吐司能吸收更多的蛋奶汁，这是美味的关键，让吐司完全浸泡、充分吸收非常重要。

※ 传统的法式吐司（Pain de mie）是使用白吐司，白吐司隔夜后变得相当干硬，吸收蛋液效果较好。

※ 若喜欢甜蜜，可以加蜂蜜及打发的鲜奶油。想要清淡的话，则可搭配新鲜水果、草莓果泥等。

黑麦厚吐司❤

猎人塔汀三明治

准备较有风味的单片面包，把咸的或者甜的馅料涂抹在面包上，就是法式开放式三明治，称为塔汀（Tartine）。

材料

1片　黑麦厚吐司
20g　鸭胸肉片
1个　柳橙
10g　嫩菠菜叶
5g　松子
10g　鸡蛋美奶滋

做法

1 将新鲜、成熟的柳橙取下果肉切片备用，熟鸭胸肉切薄片备用。

2 松子放进已预热至120℃的烤箱烤出香味，嫩菠菜叶洗净风干备用。

3 黑麦吐司切厚片，首先抹上鸡蛋美奶滋，铺满嫩菠菜叶，接着叠放鸭胸肉片及柳橙片，最后撒上松子。

动手做煎鸭胸

材料

300g　特选鸭胸（1份）
少许　盐
少许　胡椒粉

做法

1 鸭皮切除部分肥腻处，用小刀划上格子状。

2 平底锅烧热，炉火转小，放入鸭胸肉，将鸭皮面朝下，不需翻动，可将多余的油从锅中沥出。持续香煎鸭胸，当鸭肉胀起，手指触碰稍具弹性，鸭皮翻开呈金黄色，将鸭胸翻面，煎鸭胸，直到五分熟。

3 将鸭肉放入已预热至200℃的烤箱中，烤10～15分钟，至无血水的状态。（鸭肉的熟度可以视个人喜好而定。）

4 鸭肉出炉撒上少许盐、胡椒粉调味，切成薄片就可以食用了。

小贴士

1. 黑麦吐司的粗糙口感与健康形象，与鸭肉的野味、柳橙和松子的高档感很搭配，充满吸引力。鸭肉也可以换成鸡肉、鹌鹑肉或火鸡肉，搭配菠萝、蔓越莓果酱与葡萄。

2. 自制鸡蛋美奶滋：用叉子将水煮蛋捣碎（约需200g），与25g美奶滋和15g特调奶油酱（做法参见P.19）混合即成。

厚片黑糖吐司 ❤

南瓜培根三明治

材料

4片　厚片黑糖吐司
200g　南瓜（约1/2个）
100g　培根
2个　洋葱
50g　奶油
30mL　鲜奶油
50g　起司丝
少许　盐
少许　胡椒粉
少许　肉豆蔻（视个人口味而定）
少许　百里香（视个人口味而定）
少许　小茴香粉（视个人口味而定）

做法

1 将南瓜放进电锅蒸熟，趁热挖出瓜肉，加入奶油与鲜奶油拌匀（可利用搅拌机）。

2 培根放入热平底锅内，油脂释出后，将培根起锅、切碎。洋葱切丁备用。

3 趁热将洋葱丁放入平底锅，加点水以小火慢炒直到洋葱变软，汤汁收干。

4 将以上所有食材混合成南瓜泥，加入盐、胡椒粉和香料调味。

5 在吐司上放上圆形模型，将南瓜泥填入，撒上起司丝，放入已预热至180℃的烤箱中，烤约5分钟，至起司熔化、表面呈金黄色。趁热食用。

薄片白吐司♥

爆浆巧克力三明治

抹上甘纳许（Ganache，奶油巧克力酱）的吐司，再经过烤箱加热之后，享用时便会有爆浆的惊喜！

材 料

2片	薄片白吐司
50g	苦甜巧克力（液体）
100mL	鲜奶油
1个	吐司制作专用盒

做 法

1 将鲜奶油放在锅中移到火炉上，加热直到沸腾，冲入苦甜巧克力，使用打蛋器以顺时针方向搅拌均匀，冷却后即成甘纳许。

2 将第一片吐司表面抹上甘纳许，放入吐司制作专用盒，再盖上第二片吐司，做出模型的样子。

3 将面包取出，放入烤箱约5分钟，烤至表面香酥。

薄片白吐司❤

花生酱三明治

又节食了一周，餐餐都在计算热量，假日就放自己一马吧！

周六睡到自然醒，起床后，一边浏览杂志，一边享用美滋滋的早餐，

当手机响起时，跳进牛仔裤，拎着我的包包，去看一部好电影……原来宝贝自己简单得不得了。

材料

2片	薄片白吐司（隔夜）
1大匙	花生酱
1个	蛋
少许	奶油
50mL	鲜奶油
少许	糖粉

做法

1 使用隔夜吐司。取一平底锅放入少许奶油，当奶油熔化后，蛋打散与鲜奶油混合，让吐司双面浸湿，放入锅中煎至金黄色。

2 盘中摆上吸油餐巾纸，将吐司放上，吸掉多余的油。

3 将吐司对角切三角形，撒上糖粉，佐花生酱享用。

厚片芝麻吐司❤

巧克力杏仁核桃三明治

吐司切出自己喜欢的厚度，

将巧克力酱直接挤在刚烤热的吐司上。

烤香核桃仁与杏仁的烤箱温度为100℃左右，

烘焙间要翻动才能均匀受热，冷却后可以放入密封罐保存。

材料

2片　厚片芝麻吐司
10g　杏仁
20g　核桃仁
1瓶　巧克力酱
1大匙　草莓果酱
少许　无盐奶油

做法

1 将厚片芝麻吐司表面涂上无盐奶油，放入面包机加热，烤成金黄色并压出纹路，放置一边等待面包稍微冷却。

2 核桃仁及杏仁放入100℃烤箱中，烤至香味四溢。

3 将吐司表面挤上巧克力酱，再放上草莓果酱、杏仁、核桃仁即完成。

小贴士

巧克力酱也可使用P.30甘纳许代替。

胡萝卜吐司 ❤

芒果鲜虾三明治

吃这样的三明治最好穿着洋裙，一边聊天一边优雅地享受慢食乐趣。

材 料

4片　胡萝卜吐司
30g　鲜虾
2片　芒果肉
1个　鸡蛋
少许　细香葱
5g　特调美奶滋（做法参见 P.18）
适量　姜
适量　酒

做 法

1 将鸡蛋煮熟，冷却后去壳切成圆片。

2 准备一锅水，烧开后放入姜和酒，新鲜虾放入汆烫，虾肉烫熟转红后捞出，剥去外壳。

3 细香葱切碎，芒果肉切小片备用。

4 将一片吐司涂抹上特调美奶滋，再切成两片长方形，放入面包机烤热，依序放上水煮蛋片、芒果肉、虾仁，撒上细香葱末，最后放上一小根细香葱装饰。

吐司魔方

※ 原来设计这道三明治想使用的是酪梨酱，但因为制作时间刚好不是酪梨产季，便改成特调美奶滋。待酪梨季来到，别忘了做好酪梨酱，来一顿美味又应景的三明治喔！

白吐司 & 全麦吐司❤

花生芹菜优格三明治

材料

2片　白吐司
2片　全麦吐司
1根　西洋芹菜
1个　西红柿
5片　培根
少许　特调奶油酱（做法参见 P.19）
20g　花生酱
30g　千岛酱
20g　优格
少许　盐之花

做法

1 西洋芹菜洗净削皮，切成小丁与花生酱混合。

2 千岛酱与优格混合后，再与做法1食材混合，加入少许盐之花做成酱汁。

3 取一只平底锅加热后放入培根，煎至出油香脆；西红柿切片备用。

4 两片吐司涂上特调奶油酱后，放入面包机或烤箱中略烤一下。

5 第一片全麦吐司表面盖上培根，再铺上西红柿片，淋上做法2的酱汁，再盖上另一片吐司即可。

1. 培根：选择肉质好、油脂较少的培根。

2. 优格：千岛酱和优格比较稀，和花生酱混合能增加清爽感并减少太浓稠导致的黏腻感。

3. 午餐三明治：最怕酱汁太多，会影响保存和食用的方便性。酱汁的比例：将花生酱增加到100g或是自行调整为轻松涂抹的状态。

4. 午后小点：使用隔夜吐司切片，烤至干脆，将西洋芹菜涂上花生酱，与吐司搭配，刚好适合有点饿又不会太饿的午后。

5. 开胃小菜：若用小黄瓜条及胡萝卜条搭配千岛酱，则能成为爽口的小前菜。

牛奶吐司 & 核桃吐司 ❤

法式女士 & 男士三明治

法式女士三明治 Croque-madame

材料

4 片　牛奶吐司
2 片　熏鸡肉
2 个　蛋
100g　格鲁耶尔（Gruyère）起司丝
50g　法式白酱（做法参见 P.19）
20mL　鲜奶油
少许　色拉油
少许　盐
少许　胡椒粉

做法

1. 取一口平底锅放在火炉上，倒入少许色拉油，油热之后打蛋，煎成太阳蛋，备用。
2. 第一片面包抹上白酱，放上熏鸡肉，撒上盐和胡椒粉再涂抹少许白酱，盖上第二片面包，再涂白酱，起司丝与鲜奶油混合后，撒满面包表面。
3. 放入已预热至 180℃的烤箱，烤至起司熔化，面包表面呈金黄色，放上太阳蛋即完成。

法式男士三明治 Croque-monsieur

材料

2 片　核桃吐司
2 片　火腿
20g　格鲁耶尔（Gruyère）起司丝
50g　法式白酱（做法参见 P.19）
20mL　鲜奶油

做法

1. 第一片面包抹上白酱，放上火腿，再涂抹少许白酱，盖上第二片面包，再涂白酱。
2. 起司丝与鲜奶油混合后，撒满面包表面，放入已预热至 180℃的烤箱，烤至起司熔化，面包表面呈金黄色。

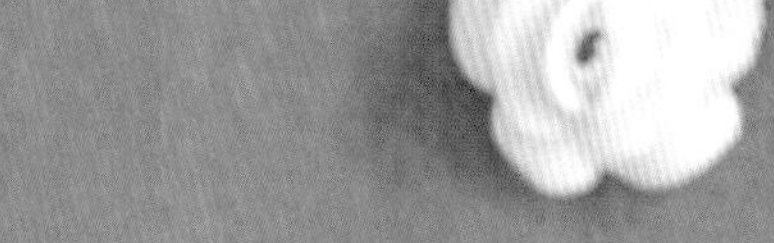

※Croque-monsieur 是一种搭配法式奶酪烤热的三明治，常见于巴黎的咖啡馆和酒吧的菜单搭配中。

※Croque-monsieur 可搭配一份沙拉作为早午餐的轻食，餐后再来一份甜点，吃得饱饱的，也养足了下午逛街的力气。

甜葡萄干厚片吐司❤

{西班牙面包布丁}

※ 西班牙面包布丁（Torrija）很像法式吐司，通过香煎方法做成，在西班牙巴斯克地区称为酥脆点心。Torrija 是浸透的意思，煎热的吐司和煮过的新鲜苹果佐糖浆是很常见的做法。西班牙面包布丁传统上是在复活节吃的，起源于中世纪修道院食用隔夜面包的传统习惯。

材 料

4 片	甜葡萄干厚片吐司
2 个	蛋
半根	肉桂棒
少许	柠檬皮
50mL	牛奶
20mL	佩德罗西梅内斯酒（Pedro Ximenez）
8mL	枫糖浆

做 法

1 第一天，吐司浸透在牛奶中，捞起后放在冰箱冷藏。

2 第二天，吐司蘸满蛋液放入锅中煎至金黄色。

3 枫糖浆、肉桂棒与柠檬皮一起放入锅中，加热煮滚后离火，与酒混合，把酱汁淋在面包上。

吐司魔方

※ 将薄片吐司面包蘸满蛋液煎好，撒上少许砂糖之后卷成管状，灌进卡士达酱，就可以变成很可口的甜点。

西班牙佩德罗西梅内斯酒是一种甜酒。

全麦吐司❤

{法式阿尔萨斯三明治}

※ 曼斯特（Munster）起司相传起源于 7 世纪，在法国与德国交界的孚日山脉的曼斯特山谷中，当地的修道士将牛乳制成起司，故称“曼斯特起司”。曼斯特起司闻起来的味道，会让你以为口中即将迎来强烈又刺激的冲击，事实上刚好相反，这款起司口味温和、质地柔软光滑，熔化之后如巧克力般浓稠。曼斯特起司与香料非常搭配，所以市面上也有小茴香曼斯特起司等。

※ 曼斯特起司在料理中使用非常普遍，因为不管搭配小茴香面包、Gewurztraminer（琼瑶浆白葡萄酒，多产于法国阿尔萨斯），还是绿西红柿果酱都很对味，还能灵活地用来制作三明治、马铃薯沙拉、起司千层派及鸭肉酱料等。

材料

2 片	全麦吐司
半个	马铃薯
少许	白色珍珠洋葱（罐头）
100g	曼斯特起司
少许	小茴香籽
1 小株	罗勒
少许	奶油

做法

1 马铃薯连皮放入冷水中煮熟或蒸熟，再去皮，冷却后切圆片备用。

2 取一个平底锅放火炉上，以小火热锅后，将小茴香籽炒到香味四溢。

3 全麦吐司涂抹上少许奶油。

4 吐司表面依序放上马铃薯片、珍珠洋葱（对切），再将曼斯特起司均匀放于吐司表面，放进已预热至 200℃的烤箱中，烤至起司熔化、面包香脆，撒上小茴香籽，最后放上罗勒叶装饰。做好后趁热食用。

小贴士

珍珠洋葱可取自珍珠洋葱罐头，在进口超市可买到。

全麦脆皮吐司 ❤

西红柿鸡肉起司香肠三明治

材料

2片　全麦脆皮吐司
8片　鸡肉起司香肠
4个　风干西红柿
100g　米摩勒起司（Mimolette）
5g　特调奶油酱（做法参见 P.19）
少许　莳萝

做法

1 将吐司涂抹上特调奶油酱，放入已预热至200℃的烤箱中烤 5 分钟。

2 准备一锅热水，放入鸡肉起司香肠，保持水热但不需沸腾，约 5 分钟后，香肠鼓胀且有弹性就能取出，对切备用。

3 米摩勒起司与风干西红柿切成三角形备用。

4 吐司表面铺上香肠，再放上米摩勒起司与风干西红柿，用莳萝做装饰。

小贴士

水煮香肠要特别注意，水需没过香肠。还要控制时间和温度，避免香肠破裂。

全麦核桃吐司 ❤

{苹果坚果蓝纹起司三明治}

材料

4片　全麦核桃吐司
1个　苹果
20g　昂贝蓝纹起司（Fourme d'Ambert）
50g　蓝纹起司条
10g　芝麻叶
20g　核桃仁
5g　松子
10g　特调奶油酱（做法参见 P.19）
10mL 鲜奶油

做法

1 全麦核桃吐司涂上特调奶油酱，放入预热至 230 ~ 240℃的烤箱，烤 3 ~ 4 分钟。

2 昂贝蓝纹起司 20g，鲜奶油加上少许水，混合成蓝纹起司奶油酱。

3 将苹果去皮、去籽切片后，加入水淹过苹果，放入 500W 的微波炉加热 4 分钟左右，直到苹果变软、色泽透明，取出苹果，沥干水。芝麻叶洗净沥干水。

4 松子与核桃仁放入已预热至 100℃的烤箱，烤至金黄色溢出香味，放冷备用。

5 组合：烤面包涂抹上蓝纹起司奶油酱，表面平铺上芝麻叶及苹果，交叉放入蓝纹起司条 50g，再撒上松子与核桃仁。

※ 连续吃了 38 种三明治后，让我印象最深的就是昂贝蓝纹起司。这是味道很温和的一种牛奶起司，外皮较干，里面丰润而结实，拿来做三明治非常简单。

红椒吐司 ❤

墨鱼香肠秋葵蛋三明治

材料

4片　红椒吐司
1根　墨鱼香肠
2根　秋葵
1个　鸡蛋
1大匙　特调奶油酱（做法参见P.19）
少许　盐
少许　胡椒粉

做法

1 墨鱼香肠放入锅中，注入热水盖住香肠，小火慢煮约5分钟，香肠有弹性且有鼓胀感就能取出。

2 蛋放入锅中，注入冷水盖住蛋，中小火煮约10分钟，蛋黄要熟。

3 蛋冷却后去壳切成圆片，撒上盐与胡椒粉调味；香肠冷却后，斜切成与秋葵相仿的尺寸和形状；秋葵汆烫后，放入已准备好的冰水中冰镇，对切备用。

4 第一片和第二片吐司一起放入已预热至180℃的烤箱烤约3分钟，烤到吐司变酥脆，单面涂满薄薄一层特调奶油酱。

5 吐司放上鸡蛋后，再将秋葵与墨鱼香肠交叉摆放上去，即完成开放式三明治，也叫塔汀。

吐司魔方

※若制作吐司时不在秋葵产季，可以改用芦笋。芦笋削皮，放入滚水中汆烫，捞出放入冷水中，再切成小丁或条状即可使用。

做法4中，也可将第二片吐司盖在馅料上，注意将馅料（如鸡蛋、秋葵与香肠）表面整平，否则会造成内馅掉落。三明治冷藏5分钟，再切成三角或者长方形。

薄片黑麦吐司 ❤

甜梨杏仁奶油酱三明治

材料

6片　薄片黑麦吐司
2个　甜梨
适量　杏仁片
300g　糖
5g　肉桂粉
500mL　水

杏仁奶油酱材料

2个　全蛋
125g　杏仁粉
125g　糖
125g　奶油

做法

1 杏仁奶油酱：将奶油置于室温待其软化；杏仁粉过筛备用。

2 将糖125g、蛋、杏仁粉混合均匀，最后加入软化奶油混合。

3 糖浆煮梨：将甜梨去皮去籽，取果肉切碎。

4 将糖300g、水与肉桂粉混合放入锅中，移至火炉上煮成糖浆，沥出1/4糖浆，再将甜梨放入一起煮至梨透明且软化、水分收干成果泥，离开火炉，冷却备用。

5 混合：使用圆模型将吐司压成圆形，每片吐司刷上糖浆，铺上果泥，再涂一层杏仁奶油酱，撒上杏仁片。

6 将吐司放进已预热至170℃的烤箱中烤至金黄色，可与甜梨果泥一同享用。

厚片西红柿吐司 ❤

西红柿培根蛋卷三明治

材料

2片	厚片西红柿吐司
4片	西红柿
2～3片	培根
少量	生菜
少量	鳕鱼卵
3个	鸡蛋
少许	特调美奶滋（做法参见 P.18）
20mL	牛奶
适量	奶油
20mL	鲜奶油
3大匙	初榨橄榄油
1大匙	巴萨米克醋
少许	盐及胡椒粉

吐司魔方

※ 不喜欢吃太多面包可以改成薄片吐司，生菜可以换成手边现成的青菜。

※ 蛋卷可以只用蛋白，减少胆固醇的摄取，若想吃炒蛋，培根也可以切碎加入，或者整片培根直接铺在蛋上做成三明治。

做法

1 厚片西红柿吐司涂上特调美奶滋，放入烤箱烤酥后备用。

2 西红柿以热水去皮，切成四分之一的瓣状，挖去籽；生菜洗净、风干备用。

3 取一口平底锅加热后，干煎培根，待培根煎至香脆后，逼出油脂，将培根放在吸油纸上，再切碎备用。

4 使用原平底锅的油加热后，加入少许奶油，再倒入蛋液、牛奶、鲜奶油，以小火一边搅拌，一边将中间蛋液推散在锅底四周，让大部分蛋液煎成金黄色蛋皮，同时保留少许蛋液，撒点胡椒粉与盐稍微调味，铺上培根，煎成厚蛋卷，以日式寿司竹帘定型。

5 西红柿与生菜以巴萨米克醋、橄榄油、盐、胡椒粉调味备用。

6 第一片面包铺满生菜、西红柿、蛋卷及鳕鱼卵，再盖上第二片面包即完成。

白吐司 & 全麦吐司❤

鲔鱼黄瓜三明治

※ 这道三明治是我在巴黎丽池饭店实习时，饭店下午茶常备的点心之一，鲔鱼与黄瓜做出的三明治非常爽口，尤其深受淑女们的喜爱。

※ 闲暇时不妨邀请三五好友一叙，吃吃你做的贵宾级三明治，想象在巴黎逛街、购物、吃甜点的感觉。

材 料

4 片	白吐司
2 片	全麦吐司
1/2 罐	水煮鲔鱼
1 条	黄瓜
1/4 个	洋葱
5g	特调奶油酱（做法参见 P.19）
15g	美奶滋
少许	盐及胡椒粉

做 法

1 黄瓜使用切片机刨成薄片，浸入水中备用。

2 所有的吐司涂上特调奶油酱，备用。

3 取一口平底锅加入少许水，移至炉火上，将洋葱切丁放入，小火炒，直到洋葱炒软、水分收干。

4 水煮鲔鱼沥干水后，与美奶滋、洋葱混合，撒上少许胡椒粉、盐调味。

5 白吐司涂上鲔鱼酱，上面叠放第一片全麦吐司，全麦吐司抹上鲔鱼酱，最后盖上第二片白吐司。第二片白吐司抹上少许美奶滋，上面整齐铺上黄瓜片。

6 用刀切除四边后，再切两刀成为三份小长方形的三明治。

CASH
BACK
$78
'64 Rambler
Fully Equipped

鸡蛋吐司 ❤

沙丁鱼羊乳酪起司三明治

材料

2片　鸡蛋吐司
10g　沙丁鱼（罐装）
20g　羊乳酪起司（盒装）
5个　黑橄榄（罐装）
少许　墨西哥红辣椒（罐装）
少许　特调奶油酱（做法参见 P.19）
1小把　新鲜巴西里（切碎）

做法

1 使用浸在橄榄油中的羊乳酪起司，每个黑橄榄切三等份；巴西里切碎；沙丁鱼沥油备用。

2 两片吐司，分别涂上特调奶油酱，放入已预热至150℃的烤箱，将奶油烤至熔化。

3 吐司上面散开摆放上沙丁鱼、羊乳酪起司和黑橄榄，最后撒上切碎的新鲜巴西里及墨西哥红辣椒，盖上另一片吐司。

吐司魔方

※ 喜欢吃辣可以多放辣椒，切记罐装食品橄榄和起司一般都较咸，不宜多放。

※ 以上配料也可以做成比萨饼、法式咸派、咸蛋糕、意大利面和意大利炖饭，都是不错的选择喔！

菠菜吐司❤

{烟熏鲑鱼炒蛋三明治}

材料

2片　　菠菜吐司
2大片　烟熏鲑鱼
少许　　酸豆
适量　　生菜
2个　　鸡蛋
2大匙　特调奶油酱（做法参见P.19）
少许　　鲜奶油
1大匙　橄榄油
2大匙　初榨橄榄油
1大匙　巴萨米克醋
1/4个　柠檬（榨汁）
少许　　盐、胡椒粉

做法

1 生菜洗干净，泡在冰水中，保持口感清脆，沥干水，使用前拌入巴萨米克醋、盐及初榨橄榄油。

2 取一口平底锅，倒入橄榄油，鸡蛋以小火慢炒，加入鲜奶油、盐、胡椒粉调味，再将鲑鱼及酸豆切碎一起拌入柠檬汁。

3 两片菠菜吐司皆涂抹上特调奶油酱，第一片吐司铺上生菜，第二片吐司上将鲑鱼、蛋和酸豆均匀放平，食用时盖上第一片吐司。

吐司魔方

※制作三明治或吃三明治都有想省时、省事的想法，所以油醋酱也可以买现成的或利用家中现有的酱料。

※炒蛋加入鲜奶油可增加滑嫩口感，若想使用牛奶替代，牛奶用量要减少，因为鲜奶油油脂含量高，较浓稠。橄榄油也可以改成奶油，增加香味。

鸡蛋吐司❤

英式奶酪三明治

刚刚熔化的起司口感柔顺带弹性，新鲜的口味带来不一样的心情，

佐沙拉，再搭配汤，是很简单的美味轻食，

淋上酱汁后这道具有英式口味的三明治就完成了。

材料

6片	鸡蛋吐司
100g	兰开夏起司（Lancashire）或切达起司（Cheddar）
40mL	啤酒
1个	蛋黄
1大匙	伍斯特酱
1大匙	芥末酱
5mL	鲜奶油

做法

1 酱汁做法：取一个大钵将蛋黄与鲜奶油混合。

2 将啤酒倒入小锅中，移至火炉上加热，加入伍斯特酱与芥末酱，边煮边搅拌。

3 酱料煮滚之后，关火，加入蛋液拌匀。

4 吐司表面铺放上起司，放入已预热至200℃的烤箱中。烤至起司完全熔化，淋上酱汁即可。

1. 兰开夏起司和切达起司熔化后特别美味，一般来说切达起司市面上很多，但兰开夏起司不太常见。

2. 啤酒选择任何一种你喜欢的口味都可以。

2 惊喜吐司盒，超丰盛！

超丰盛！这是我第一次接触惊喜吐司盒（pain surprise）的记忆。

当时住在巴黎，第一次有机会跟着法国友人一起到塞纳河边的朋友家喝法式下午茶，那天，我们两三个人聊得热火朝天，几乎要震动客厅的屋顶。遗憾的是餐桌看上去出乎意料的单调，空空荡荡的，除了几瓶酒和一盘起司之外，没有什么可下肚的，颇有些失望。

这时，法国友人忽然从厨房端出一个大圆盘，上面是一个大圆桶盖子，盖子一打开，哇！是三明治呀！终于有吃的东西了！我当场感动得要命。听说，这个惊喜吐司盒是在法国最大的连锁冷冻店买的，装着冰冰凉凉的鲑鱼、鲔鱼、蟹肉及鸡肉三明治，确实让我非常惊喜！

薄片吐司 & 厚片吐司❤

蟹肉葡萄柚吐司盒

材料

1片　薄片吐司
1片　厚片吐司
100g　熟蟹肉棒
1个　新鲜葡萄柚
1条　腌黄瓜
1大匙　特调奶油酱（做法参见P.19）
少许　莳萝

做法

1 将新鲜葡萄柚的部分果肉片成月牙形，果肉放在纸巾上吸干水备用，剩下的葡萄柚挤出汁。

2 厚片吐司涂上特调奶油酱，薄片吐司中间挖空，将薄片吐司放在厚片吐司上，变成轻薄的吐司盒。

3 熟蟹肉、腌黄瓜都切成短条状，和葡萄柚汁混合腌渍约10分钟，沥干水，将果肉、黄瓜与熟蟹肉棒，平均摆入吐司盒中，最后点缀莳萝即完成。

丹麦吐司 ❤

奶油鸡肉蘑菇水波蛋酥盒

材料

半条　丹麦吐司
1片　鸡胸肉
500g　蘑菇（切薄片）
1个　蛋
1小把　水芹菜
1个　红洋葱（切丝）
少许　红洋葱（切圈）
50g　法式白酱（做法参见 P.19）
1大匙　特调奶油酱（做法参见 P.19）
适量　橄榄油
少许　黑胡椒粒
适量　盐及胡椒粉
适量　醋
适量　奶油

做法

1 水芹菜洗净风干后，与橄榄油、醋、盐混合成沙拉备用。

2 平底锅移到火炉上，以小火烧热橄榄油，红洋葱丝、蘑菇分别放入锅中炒软。鸡胸肉放入另一口锅中以热水氽烫后切小块。

3 奶油放入平底锅，等待熔化后，放入鸡胸肉煎出香味后，再加入红洋葱丝、蘑菇以小火混合翻炒，加入法式白酱，起锅前加入胡椒粉和盐调味，做成奶油鸡肉蘑菇。

4 水波蛋：取一口锅，注满水烧热，加入盐与醋，放入蛋后，顺着水波纹，将蛋滑煮至六分熟。

5 丹麦吐司切成 1/4 条，将中间挖至厚度的 2/3 处，涂抹上特调奶油酱，放入已预热至 200℃的烤箱约 5 分钟，烤至吐司盒内部稍微酥脆。

6 将水波蛋、奶油鸡肉蘑菇放入酥盒中，红洋葱圈、水芹菜挑选漂亮的做装饰，最后撒上黑胡椒粒，便可以趁热食用。

吐司魔方

※ 这道蛋酥盒也能变化成奶油鸡肉蘑菇三明治卷，准备一个保鲜膜，在砧板上展开，放上吐司后，使用擀面棍将面包压扁，涂抹上特调奶油酱，再放上奶油鸡肉蘑菇。掀起保鲜膜，将面包往前顺着卷起来，保鲜膜卷紧。可放入冰箱冷藏 5 分钟，食用前对半斜切，再拆保鲜膜。

白吐司盒 ❤

双色惊喜吐司盒

※ 将不同口味的三明治做好，放入面包盒中，就做成了惊喜吐司盒。聚会和下午茶时拿出来，绝对会给客人一个大大的惊喜。

※ 在巴黎的面包店工作时，只要有派对，通常都少不了这道惊喜吐司盒。我们将特制的大圆柱形的面包桶中间挖空，将挖出的面包切好，再组合成三到四种不同口味的三明治，放回面包内，包装成一个个面包花篮，绑上缎带，把面包做成一份好礼，这样享受美食还多了一份情致和乐趣。

材料

1份	白吐司盒
6片	红椒吐司
6片	胡萝卜吐司
3片	火腿
3片	起司片

芥末奶油酱材料

250g	无盐奶油
20g	芥末酱
5g	盐
1g	胡椒粉

做法

1 芥末奶油酱：将无盐奶油与芥末酱混合后，再加入适量盐及胡椒粉调味。
2 所有吐司，单面涂抹上芥末奶油酱。
3 取两片红椒（或胡萝卜）吐司，夹入火腿做成三明治。依相同方法做三份。
4 取两片胡萝卜（或红椒）吐司，夹入起司片做三明治。依相同方法做三份。
5 将吐司切除四边，再切成四等份，六份吐司皆用相同方法制作。
6 将两种口味的吐司交叉放入挖空的吐司盒中。

 小技巧

※ 若夹馅食材是隔夜的，要注意青菜、蛋类是否有出水、变质的可能，或者在食用之前临时准备馅料也可。

1 惊喜吐司盒运用食物的颜色做装饰，能够让食物带来更多喜悦感

- 红色：火腿、西红柿、草莓、红醋栗、覆盆子、辣椒、热狗、红洋葱、藏红花、红色甜椒
- 橙色：鲑鱼、柳橙、起司、虾仁、鲑鱼卵、虾卵、胡萝卜、南瓜
- 绿色：芦笋、细香葱、橄榄、秋葵、青葱、绿芥末酱、香草类、绿柠檬、开心果、奇异果、绿色甜椒
- 黄色：起司、蛋黄、芥末酱、黄柠檬、洋葱、杏桃、酪梨、奇异果、黄色甜椒、藏红花
- 白色：起司、鸡蛋、鲜奶油、干贝、糖粉、美奶滋、香蕉、马铃薯、香菇、洋梨
- 黑色：橄榄、椰枣、李子、巧克力、黑醋栗、可可粉、黑豆、鱼子酱、香草荚、巴萨米克醋
- 紫色：茄子、无花果、葡萄、紫色甜椒
- 蓝色：蓝莓

2 吐司盒可以做成五花八门的口味

海鲜：鲜虾、鲑鱼、鲔鱼、干贝、淡菜、蟹肉

肉类：牛排、羊肉、香肠、鸡肉、汉堡肉、热狗

蔬果：苹果、马铃薯、芦笋、黄瓜

白吐司盒❤

彩色惊喜吐司块

※吐司和果酱也可以变得很好玩！喜欢吃果酱的人，可以做成吐司块一次尝九种。彩色惊喜吐司块在早餐时会让孩子眼睛一亮，下午茶端出来也会赢得赞美喔！

材料

1份　白吐司盒
9种　果酱：石莲花果酱、草莓果酱、黄李果酱、柳橙胡萝卜果冻、焦糖文旦柚果酱、蓝莓果酱、覆盆子果酱、蜂蜜水蜜桃果冻、芒果果冻

做法

1 将白吐司盒切去四边的外皮，做成一个正方体，用小刀以划“井”字的方法切割吐司，不需切断，只要高度的3/4即可。

2 将9种不同口味的果酱或果冻平均装饰在顶端。

吐司魔方

※九种口味的果酱由上至下依序为：

左起第一排：

石莲花果酱、草莓果酱、黄李果酱

第二排：

柳橙胡萝卜果冻、焦糖文旦柚果酱、蓝莓果酱

第三排：

覆盆子果酱、蜂蜜水蜜桃果冻、芒果果冻

奶油甜吐司盒 ❤

冰舒芙蕾吐司盒

当草莓季来临，将这带恋爱滋味的水果，

装饰在自己做的甜蜜吐司上，

不用排队，吃起来更别有一番风味喔！

材料

1个 奶油甜吐司盒
少许 新鲜蓝莓
30g 饼干
30g 奶油（软化）
适量 装饰糖花
1个 圆形慕斯圈

卡士达酱材料

30g 低筋面粉
5个 蛋黄
65g 砂糖
210mL 牛奶
2片 吉利丁

意大利蛋白霜材料

3个 蛋白
120g 砂糖

做法

1 碎饼干：将饼干放入塑料袋，使用擀面棍擀碎；碎饼干中再放入已软化的奶油，均匀混合。

2 卡士达酱：面粉过筛，吉利丁泡冰水，蛋黄和糖用打蛋器混合均匀，再添加面粉拌匀，做成蛋黄液备用。

3 将牛奶倒入中型锅中，煮滚。倒1/2牛奶到蛋黄液锅中，加入适量砂糖，混合均匀，全部材料回倒入牛奶锅中继续一边煮，一边手持打蛋器搅拌，注意搅拌锅底，避免结粒和烧焦，直到煮滚，呈现黏稠的糊状，离火，加入吉利丁片，拌匀后倒入宽平盘中，将保鲜膜覆盖在卡士达酱表面，放入冰箱冷藏，直到冷却后使用，也可提前一天做好。

4 意大利蛋白霜：取一口小型平锅，放入砂糖，加少许水，以中火煮至118℃成为糖浆。电动搅拌机内倒入蛋白，以中速打发蛋白，蛋白打发后，转慢速，沿着搅拌缸慢慢倒入全部糖浆。转回中速，打发至温度慢慢降低至冷却，蛋白霜发亮密度紧实，呈现硬挺的尖嘴状。

5 卡士达奶油酱：将200g卡士达酱放入搅拌机，使用球状搅拌器打至滑顺状态，加入100g意大利蛋白霜混合均匀，即为卡士达奶油酱。

6 组合：将奶油甜吐司盒中间挖空，放入圆形慕斯圈，铺上一层卡士达奶油酱，撒上少许碎饼干，依此做法再重复一次，放入冰箱冷藏。食用前，放上蓝莓及糖花做装饰。

小技巧

※ 卡士达酱表面容易干裂、变色，包裹的保鲜膜要平贴在面糊上。

※ 控制打发蛋白时间和糖浆温度非常重要，糖浆煮好要随即倒入蛋白中。

※ 糖浆温度高，搅拌速度太快，会造成糖浆四溅，易导致危险和操作失败。

※ 煮糖浆时，砂糖中加入水，水量自行决定，但不宜太多，适当延长煮沸时间即可。

西红柿起司博雪塔
抹茶红豆火腿博雪塔

白吐司 ❤

西红柿起司博雪塔

博雪塔（Brushetta）是用烤过的面包，使用大蒜与橄榄油调味制成的。
通常趁热食用，可当作开胃菜、下午茶点或配菜，
做博雪塔最早使用托斯卡尼面包，现在也使用法国面包，
搭配上也有许多变化，包括豆类、起司、蔬菜等。

材料

3片　白吐司
3个　西红柿
250g　莫札瑞拉起司（Mazzarella，也称意大利干酪）
1头　大蒜
70mL　初榨橄榄油
200mL　葵花油
1把　新鲜巴西里叶
少许　盐及胡椒粉

做法

1 使用圆模型将吐司做出圆形，洒上少许橄榄油，放入已预热至180℃的烤箱烤至表面酥脆，即可出炉。

2 起司切片后再使用圆模型，将起司做出与吐司一样的圆形；西红柿带皮切成圆片，放上少许橄榄油、盐和胡椒粉，调味。

3 将大蒜剥成小瓣和葵花油一起放置锅中，移到火炉上以小火约80℃，煮至香味溢出。用油刷过起司和巴西里叶片的表面，撒上少许盐及胡椒粉调味。

4 吐司片上放上西红柿、起司及巴西里叶片即完成博雪塔的制作。

吐司魔方

※ 想来点意大利风的小菜，不想吃比萨饼、意大利面，可以用莫札瑞拉起司、西红柿、橄榄、巴西里、哈密瓜与意大利熏火腿（Prosciutto），搭配成开胃小咸点。

※ 将博雪塔依序堆高层次，可作为开放式三明治。

抹茶红豆吐司 ❤

抹茶红豆火腿博雪塔

※ 制作三明治时，颜色是影响食欲的第一要素，所以要运用吐司特性，让口味和颜色的搭配变成好玩的游戏。

※ 意大利熏火腿和甜甜的哈密瓜很搭，所以采用抹茶红豆吐司，除了颜色和火腿能搭出可口的视觉效果，甜甜的红豆带着火腿在你的口中探个险也不错喔！

材料

3 片　抹茶红豆吐司
3 片　意大利熏火腿
1 大匙　酸豆
少许　芥末奶油酱（做法参见 P.19）
少许　盐及胡椒粉
少许　新鲜巴西里（切碎）

做法

1 烤箱预热至 200℃，抹茶红豆吐司使用模型做出长方体状。淋上少许橄榄油，放入烤箱烤酥。

2 将吐司点缀上芥末奶油酱及酸豆，铺上一片意大利熏火腿薄片，将切碎的巴西里撒上做装饰。

白吐司盒❤

{巴斯克吐司盒}

巴斯克（Basque）比利牛斯山脉与法国西南部相邻。受地缘影响，传统法式名菜巴斯克鸡，带点西班牙风，一般是将巴斯克式配菜（洋葱、红椒与青椒）三种混合炒过，与西红柿、培根和鸡肉一起食用。

材料

5个　白吐司盒
数片　意大利熏火腿
3只　带皮鸡腿
少许　鸡骨
1个　西红柿（去皮切丁）
少许　西红柿泥
1个　红椒（去皮、去籽切成条状）
1个　黄椒（去皮、去籽切成条状）
1个　洋葱
少许　葱（切末）
1头　大蒜（切末）
适量　奶油
适量　白酒
1束　辛香料（月桂叶及百里香）
少许　芝麻叶
少许　巴西里（切碎）
少许　盐及胡椒粉
少许　鸡高汤或水

做法

1 取一口平底锅加热奶油，香煎鸡腿肉，直到鸡皮略带金黄色。洋葱去皮后取少许切碎，其余切成条状。

2 另取一口平底锅加入橄榄油，将黄椒、红椒以小火炒香，再加入洋葱条，加高汤或水以小火煮软，加盐及胡椒粉调味。

3 煎鸡腿的锅放入辛香料及鸡骨炒香，加入葱末、大蒜末、碎洋葱，再加入白酒炒香。取出鸡腿放入已预热至200℃的烤箱烤熟。

4 沥出鸡汁，取出鸡腿对切后，将腿骨切下，以火腿包裹鸡腿，用牙签固定。

5 取一口锅放入鸡汁，加入西红柿丁及西红柿泥熬煮，再取一口小锅预热少许鸡高汤或水，浓缩熬煮。将两锅合并，放入鸡腿烧热，以盐和胡椒粉调味，最后加入洋葱与红椒、黄椒，巴斯克鸡即成。

6 将吐司盒中间挖空，挖出的白面包撒上少许盐、抹上奶油及少许巴斯克鸡汤，放入已预热至200℃的烤箱烤成面包酥，切丁。

7 将吐司盒抹上少许奶油，烤10分钟，将面包丁均匀放入盒中，接着将巴斯克鸡放入，最后以芝麻叶与切碎的巴西里做装饰。

红椒吐司盒❤

鲑鱼菠菜水波蛋吐司盒

※ 选用家常的法式料理，放进面包盒一起吃，就算再挑剔的吃货，都不会说NO，还会说NO.1。

材料

2份	红椒吐司盒
100g	新鲜鲑鱼
6片	烟熏鲑鱼
2个	鸡蛋
1小把	菠菜
适量	荷兰酱（做法参见P.18）
70g	奶油
适量	鲜奶油
适量	鸡汤
适量	醋、盐
适量	盐及胡椒粉

炒面糊材料

少许	面粉
50g	奶油

做法

1 新鲜鲑鱼带皮切条状，平底锅放入奶油，预热后开始煎鲑鱼，加入盐、胡椒粉调味。

2 取一口锅注满水烧热，加入盐、醋，放入鸡蛋后顺着水的波纹，将蛋滑煮成六分熟的水波蛋。

3 将50g奶油放入锅中熔化后，加入面粉炒成白色面糊，冷却备用。

4 鸡汤放入锅中预热后，加入炒面糊一边煮一边搅拌，待汤成浓稠状再依序加入鲜奶油和少许奶油调煮成酱汁。

5 菠菜放入热水烫一下，再放入冰块水中，捞出沥干水备用。取一口平底锅，放入少许奶油炒菠菜，再放入鲑鱼和酱汁，煮至香味四溢，加入盐和胡椒粉调味。

6 将吐司盒挖空，中间放入奶油鲑鱼，再放上烟熏鲑鱼片、水波蛋和淋上荷兰酱，拿火枪喷焦上色，再放上少许菠菜即完成。

核桃吐司盒❤

法兰克福香肠酥盒

材料

3个　核桃吐司盒
1根　法兰克福香肠
100g　西蓝花
1/2个　西红柿
少许　黑橄榄
少许　芳提拿起司（Fontin，意大利坚果味干酪）
20g　法式白酱（做法参见 P.19）
适量　奶油
少许　橄榄油
少许　巴西里
少许　盐及胡椒粉

做法

1 西蓝花洗净，用手掰成小朵，放入热水中汆烫，再放入冰水中冰镇，捞出沥干水；西红柿去皮、去籽，再切成小丁；法兰克福香肠放入热水中煮熟，切小圆片备用。将烤箱预热至180℃。

2 将橄榄油放在锅中，小火加热，油热后加入西蓝花、西红柿、香肠一起翻炒，最后加入法式白酱拌煮即可，关火前再以盐和胡椒粉调味。

3 取小刀将吐司盒内的白色面包体切下，表面涂上奶油，放入烤箱烤5～8分钟，表面烤至金黄色，出炉后切成大块备用。

4 核桃吐司盒内部四面涂上奶油，首先放入做法3烤酥的面包，再将做法2的食材放入，最后将芳提拿起司铺在表面，放进烤箱，直到起司熔化就可以出炉了。

5 食用前，放上切片的黑橄榄和切碎的巴西里即可。

吐司魔方

※西蓝花避免煮过头，不然会导致太软或变色。核桃面包有坚果的脆和面包的软，烤热后比吃比萨饼更过瘾。

※ 三明治的装饰可自由发挥，运用巧克力片、巧克力酱、蛋白霜、香提鲜奶油、水果或饼干等都很适合。

丹麦咖啡吐司盒 ❤

{丹麦咖啡柠檬奶油盒}

※ 丹麦吐司对我来说就像甜点，将法式柠檬塔的做法应用于吐司中，虽然少了塔的酥脆口感，但吐司松软的口味和柠檬酱的美味能带给你另一番享受。

材料

2份	丹麦咖啡吐司盒
少许	布朗尼蛋糕
80mL	柠檬汁
1/2个	碎柠檬皮
4个	蛋黄
60g	奶油（切小块）
25g	糖
少许	糖粉

做法

1 制作柠檬酱：取一口大锅，放入柠檬汁与1/3糖混合后，移到炉火上煮至沸腾。

2 取一个大钵，放入蛋黄与2/3的糖，持打蛋器均匀搅拌，将已沸腾的柠檬汁倒1/3至大钵中，再将所有混合物全部回倒至大锅中。

3 将大锅以小火持续加热，持打蛋器不断搅拌，直到柠檬酱变成浓稠状，离火后，加入碎柠檬皮及奶油混合均匀，冷却备用。

4 丹麦咖啡吐司盒中间挖至2/3的深度，将柠檬酱放入挖空的吐司盒内，表面抹平，放入冰箱冷藏。

5 食用前撒上糖粉，并用火枪将其喷成焦糖状，放上切成小块的布朗尼蛋糕即完成。

柠檬酱若用不完也可以夹饼干吃。

全麦吐司❤

提拉吐司

提拉米苏是甜点中的人气之王，做法千变万化，即使每天吃，也会百吃不厌。这次换成提拉吐司，以往做提拉米苏用的手指饼干也不需再用了，想尝试新口味就从吐司开始，可以用菠萝吐司(搭草莓糖浆)、椰子吐司(搭柳橙糖浆)、红豆吐司(搭抹茶糖浆)。如果搞个美味吐司大赛的话，提拉吐司绝对会名列前茅！

材料

50g	全麦吐司
1个	蛋
250g	马斯卡邦起司（Mascarpone cheese）
150mL	意式浓缩咖啡
3mL	咖啡奶酒
50g	酸奶
150mL	鲜奶油
10g	赤砂糖
25g	糖
少许	糖粉
适量	可可粉

小技巧

赤砂糖（Vergeoise）在进口超市能买到，是用蔗糖与甜菜糖浆提炼出的深褐色糖，具有焦糖般的香气，在比利时经常拿来做华夫饼（Waffle），也是法国北部传统的焦糖饼干（Speculoos）的主要原料。

做法

1. 意式浓缩咖啡和赤砂糖混合，做成咖啡糖浆，冷却后加入咖啡奶酒（可依自己的喜好适量加入）；全麦吐司去边切成三等份备用。
2. 起司室温放置，持搅拌器将起司搅拌至光滑柔顺；蛋和糖放在小盆中，搅拌至糖溶化，之后再与酸奶、起司混合拌匀。
3. 将鲜奶油放入搅拌缸，打发至发泡，分两次拌入做法2的食材中。
4. 吐司片浸于咖啡糖浆中，平铺于保鲜盒内，将做法3的混合液倒入，盖上盖子放入冰箱冷藏一夜。
5. 食用前，将提拉吐司从冰箱取出，表面撒上少许糖粉，再撒上可可粉即完成。

红椒面包盒❤

西蓝花起司吐司盒

材料

1个	红椒吐司盒
200g	西蓝花
50g	蘑菇
3片	芳提拿起司
15mL	橄榄油
少许	匈牙利红椒粉
少许	盐及胡椒粉

做法

1 将西蓝花洗过削去茎部的皮，掰成小朵，放入滚水中氽烫，再从热水中捞出直接放入冰水中浸泡，冷却后沥干水，加上盐、胡椒粉调味备用。

2 蘑菇洗净后切片，平底锅放少许橄榄油，将蘑菇以大火炒熟，沥干汤汁冷却备用。

3 红椒吐司盒内涂上少许橄榄油，放入已预热至200℃的烤箱烤约5分钟之后冷却备用。

4 红椒吐司盒中放入西蓝花、蘑菇，盖上芳提拿起司，放入烤箱烤至起司熔化即完成。喜爱辣味者可以自行撒上匈牙利红椒粉。

吐司魔方

※ 市面上能买到红椒做的吐司，红椒颜色很漂亮，可以让这个素菜吐司盒带点喜气。如果买不到红椒吐司，也可换成其他看起来有食欲的吐司。

GiRL

3 吐司自己做，就靠面包机！

你曾经非常想要一台面包机。

然而蜜月期一过，面包机就失宠了。

于是厨房的大明星变得毫无用处。

你忘了，当初多想要它，想和它一起做很多事……

我想，在家里吃到烫口面包的最佳方法就是使用面包机。

我想，省时省力做面包的最佳方法就是使用面包机。

我想，想当一个万能妈妈、满分女儿或面包教主的最佳方法就是使用面包机。

我想，用食材天马行空地做出梦幻面包的最佳方法就是使用面包机。

现在，

请出你家那台好久没用的面包机，

让我们一起来复习，怎么和面包机一起玩面团吧！

{日本甜栗子吐司}

整罐浸在糖浆中的日本黄色甜栗子是上甜点课所剩下来的。只因发现面包店卖的栗子面包只放一颗半的栗子，一颗装饰用，半颗塞入内馅，怎样吃都觉得不过瘾，所以决定自己做，多放点栗子，要吃就吃个痛快，哈哈！

材料

- 230mL 温水
- 150g 甜栗子
- 50g 奶油（软化）
- 20g 砂糖
- 5g 盐
- 530g 中筋面粉
- 8g 快速酵母（干酵母）
- 100g 甜栗子

做法

1. 使用微电脑全自动面包机，将材料依序放入，除了100g栗子之外。
2. 按键选择：磅数为2磅，烤焙颜色中等（可自选），按下甜面包或和风面包键之后，待第二次“哔哔”声响，放入100g栗子。
3. 当面包机作业时间完成，马上戴手套将面包取出，放在铁架上待凉。

吐司悄悄话

※ 中筋面粉的吸水量比不上高筋面粉，使用中筋面粉做出的面包口感接近柔软绵密的松糕。

{意式浓咖啡吐司}

材料（A）

150mL　滚水
150g　高筋面粉

材料（B）

355mL　意式浓咖啡（Espresso）（冷却）
40g　奶油
20g　糖
3g　盐
530g　高筋面粉
4g　快速酵母

做法

1 将材料（A）的高筋面粉放进一个不锈钢盆，再将滚水倒入，混合成面团备用。

2 材料（B）依照顺序，一一放入面包机内，最后再将做法1的面团撕成小块状，放在最上面。

3 机器设定2磅，选甜面包或和风面包，色泽自由选择。

4 当烤焙完成后，将面包取出放置在铁架上待凉。

※ 准备材料的动作如果太慢，会影响制作时间，事先把材料准备好，练习一次，结果一定会很顺利。

※ 喜欢喝咖啡的人，毋庸置疑，一定会喜欢闻咖啡香，试做了很多次面包，得到的结论是，咖啡若是用水代替或者味道不够浓烈，出炉的面包在色泽和香味上会不尽如人意。

※ 加入烫面，将增加面包的嚼劲，让口中的咖啡香味多停留片刻。

{新鲜葡萄吐司}

材料

300mL 葡萄汁
50mL 橄榄油
5g 海盐
21g 糖
500g 高筋面粉
14g 全脂奶粉
4g 快速酵母
20g 奶油

做法

1 将新鲜葡萄榨汁，过滤后冷藏；奶油室温放置，待其软化备用。

2 除奶油外，材料按顺序放入面包机。

3 面包机设定 2 磅，选甜面包或和风面包，色泽自由选择。

4 当第一声“哔哔”声响起，放入奶油（可另外加入浸过朗姆酒的葡萄干 150g）。

5 当第二声“哔哔”声响起，检查面团是否成形（可另外加入坚果 100g）。

6 面包机作业时间一到，迅速将面包提出面包机，移至铁架上放凉。

※ 快速酵母的新鲜活力度对发酵有影响。

※ 若使用开封后半年以上的酵母（冷藏过后取出），需要 8g。开封后三个月以上的酵母（冷藏过后取出），需要 5~6g。刚开封的酵母（无冷藏状态），需要 4~5g。

{法国第戎芥末籽吐司}

冰箱内有很多种类不同，似乎永远吃不完的芥末酱，解决它们的最好方法是拿来配面包。厨房忽然刮出一阵芥末风，经过的人纷纷探头问："你做的是什么？为什么那么香？"

材料

250mL 温水
100g 法国第戎芥末酱
70g 奶油
5g 盐
45g 糖
280g 高筋面粉
250g 中筋面粉
8g 快速酵母
适量 杏仁片、南瓜子、麦片或杂粮（自由选择）

做法

1 照顺序放入材料（杏仁片、南瓜子、麦片或杂粮除外），面包机选择2磅，再选甜面包或和风面包，自由选择烤焙颜色。

2 若想在吐司表面加上杏仁片、南瓜子、麦片或杂粮等装饰，在第二次"哔哔"声响起时，可拿出面团，迅速在表面黏附，或者在表面刷上蛋液，整好放入面包机内。

3 当面包机作业时间完成，立即戴手套将面包提出面包机，放在铁架上待凉。

吐司悄悄话

※想改成1.5磅或2.5磅面包请参考面包机内说明书。

1磅=450g
1.5磅=675g
2磅=900g

{传统红茶吐司}

材料

230g 传统红茶
50g 熔化奶油（冷却）
5g 盐
45g 砂糖
530g 高筋面粉
20g 奶粉
8g 快速酵母

做法

1 传统红茶放入热水中煮滚，放凉后备用。

2 将材料依序放入面包机的搅拌缸中。

3 面包机设定为2磅，选择甜面包或和风面包，烤色自由选择。

{豆浆巧克力豆朗姆酒吐司}

材料

220mL　无糖温豆浆
20mL　朗姆酒
50g　奶油
8g　盐
45g　糖
100g　黑巧克力豆
500g　高筋面粉
5g　快速酵母
100g　白巧克力豆

做法

1 按顺序放入材料（白巧克力豆除外），面包机选择 2 磅，再选甜面包或和风面包，自由选择烤焙颜色。

2 第一次“哔哔”声响起加入白巧克力豆，若面团太干，水分不足，或面团太湿，水分太多，这时都可以取出整形，整形好放入面包机内，等待下次搅拌。

3 当面包机作业时间完成，马上戴上手套将面包从面包机中取出，放在铁架上待凉。

{甜不辣*吐司}

材料

225mL　水（或鸡汤）
30g　奶油
1个　蛋
100g　甜不辣
5g　盐
530g　高筋面粉
7g　快速酵母
150g　甜不辣

做法

1 甜不辣切小块；较奶油放室温软化；可用清鸡汤代替水；若鸡汤较油，可不加奶油。

2 将材料依顺序放入面包机内，最后150g甜不辣暂时不放。

3 面包机设定2磅，选择甜面包或和风面包，色泽自由选择。

4 第一次“哔哔”声响起，放入150g甜不辣。

5 烤焙完毕，取出面包放于铁架上待凉。

吐司魔方

※ 吃火锅时我特别喜欢吃甜不辣。这款食品老少咸宜，不管煎、煮、炒都很耐吃，于是我就想，把它做成面包不知道会变成什么样子呢？

※ 甜不辣可选择蔬菜类（如牛蒡等）；如果选丸子类、绞肉类或是包馅类的火锅料，一定要注意新鲜程度。若食材本身不够新鲜，经调味后虽然能掩盖强烈的腥臭味，放入面包机却会原形毕露，相信没有人会喜欢这样的面包。

※ 面包机是帮你实现食材狂想的魔法师，整理过百宝冰箱后，只要有可利用的食材不妨丢给面包机，看看它能变出什么花样来吧！

* 甜不辣，英文为Tenpura，这里是音译，又称天妇罗。是日式料理中的一道油炸食品，用面粉、蛋、水和成浆，裹住肉类、蔬菜经油炸而成。

榛果巧克力吐司

材料

- 230mL 温水
- 50g 榛果巧克力酱（nutella）
- 50g 奶油
- 8g 盐
- 45g 糖
- 500g 高筋面粉
- 5g 快速酵母
- 100g 榛果巧克力酱

做法

1. 按顺序加入材料（除了最后100g榛果巧克力酱之外），面包机设定重量为2磅，种类为甜面包或和风面包，色泽自由选择。
2. 第一声“哔哔”声响起，加入榛果巧克力酱，检查并整理面团。
3. 当烤焙完成后，将面包取出放置于铁架上待凉。

吐司悄悄话

※ 通常使用面包机内附的小汤匙量取快速酵母，1平匙的重量为3g。

※ 使用新鲜酵母的话，用量为快速酵母的三倍。

※ 新鲜酵母最好分成小块与冷水混合化开。

※ 盐、糖与酵母三者在使用前必须分开放，因为糖会加速发酵，而盐会杀死酵母。

{香蕉吐司}

材料

220mL	温水
220g	香蕉（非常熟）
50g	奶油
8g	海盐
45g	糖
500g	高筋面粉
5g	快速酵母
120g	香蕉（刚好熟）

做法

1 香蕉准备两种：一种非常熟，做香蕉吐司专用；另一种刚好可以吃，避免使用未熟带涩味的。奶油放室温中软化。

2 按顺序加入材料（刚好熟的香蕉除外），面包机设定 2 磅，种类为甜面包或和风面包，色泽自由选择。

3 第一声“哔哔”声响起，加入 120g 刚好熟的香蕉，检查并整理面团。香蕉含有水分，不一定每次做的效果都一样。

4 当烤焙完成后，将面包取出放置于铁架上待凉。

※ 做面包不一定都按食谱，只要掌握大原则，你也可以创造自己的独家配方。

※ 制作面包需要 2 ~ 3 小时，其间想离开厨房，又不想错过检查面包、添加食材和面包出炉的时间，用计时器是一个不错的办法喔！

※ 通常按下面包机的按钮之后，我会把计时器设定好，随身带上，不管上网还是出门购物，都能轻松掌握好时间。

4 吃剩的吐司，变花样！

没吃完的吐司该怎么办？它们虽然会因失水而变得又干又硬，却是很有用的食材，干燥的特性正好可以供制作者充分发挥。

Q：变硬的吐司可以做什么呢？

A：

- 烘焙成薄而脆的小片，搭配汤品。
- 制成薄饼干。
- 做法式面包布丁。
- 用蘸满蛋液的吐司用油煎着吃。
- 烘干成为面包丁。
- 研磨成面包粉，料理汉堡肉。
- 研磨成面包粉做各种馅料的黏稠剂。
- 研磨成面包粉可做各类油炸食品的配料。
- 作为一种蛋糕食材。

把吐司好好放起来

短期：一天内可吃完的面包，可以在室温中装入面包盒或纸袋内放置。

长期：好几天才能吃完的面包，可以先使用保鲜膜或铝箔纸包好，冷冻保存，以延缓失水，同时保持面包的酥脆。

金砖吐司❤

夏季水果布丁

材料

4片　金砖吐司（隔夜）
500g　综合水果（红醋栗、黑醋栗、覆盆子、草莓）
1根　香草豆荚（取籽）
1个　柠檬（榨汁）
1个　进口柑橘（榨汁）
20mL　茴香酒
250mL　柠檬酒
30g　糖
5片　吉利丁

做法

1 冷冻过的综合水果放室温解冻；吉利丁泡水；吐司切除硬边再切成长方形备用。

2 将所有液体放入同一个锅中，沸腾后加入糖、香草豆荚籽煮至滚，锅离火，放入吉利丁拌匀，做成水果糖浆。

3 使用一个半圆形的布丁模型，深度高于吐司。取一个大碗，倒入适量水果糖浆，将面包片浸湿，再将面包片紧贴模型底部叠放，放入约六分满的水果，再注入约三分满的糖浆。放入冰箱冷藏一天或八小时，食用前从冰箱取出，倒扣在盘子上。

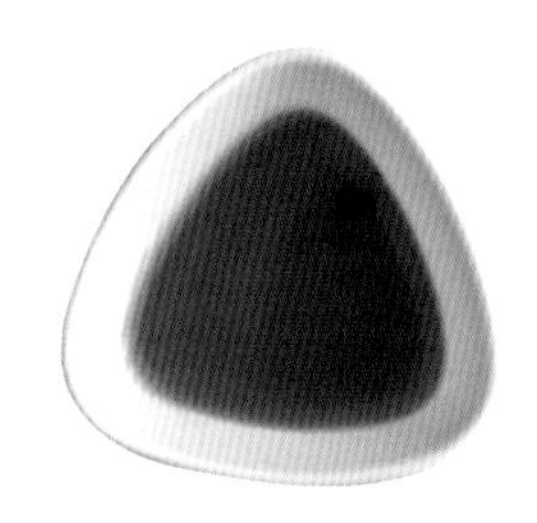

吐司悄悄话

※ 夏天想保持身材，可以吃点酸酸甜甜、热量低又冰凉爽口的水果布丁，如果没有红色水果，使用黄色系水果，如苹果、芒果、菠萝、百香果、杏、桃等，也是不错的选择。

※ 将剩下的水果切小块冷冻保存，随时可以再做布丁用。吃不完的水果布丁可以放入杯子内，在冰箱冷藏，食用时再挤上打发鲜奶油，搭配吐司。

金砖吐司 ❤

费南雪金砖吐司盒

※Financier 是金融家的意思，后来成为法国一种糕点的名字。据说这种方便外带的奶油糕点是为工作繁忙，没有时间正式吃甜点的上班族发明的。传统的长方形蛋糕是金砖样式，有香草、开心果、巧克力和杏仁口味，质地柔软绵密，更适合做下午茶点，所以，至今依然深受欢迎。

材料

2 份　金砖吐司
4 块　巧克力抹茶费南雪
2 个　棉花糖
少许　金色糖珠
50g　卡士达酱
10mL　鲜奶油

做法

1. 将金砖吐司挖至 2/3 的深度，与费南雪大小相同。
2. 挤入卡士达酱后放上费南雪蛋糕。
3. 表面挤上鲜奶油，再放上金色糖珠做装饰。
4. 两块费南雪蛋糕中间放入棉花糖。

卡士达酱材料

30g　低筋面粉
5 个　蛋黄
65g　砂糖
210mL　牛奶
2 片　吉利丁

做法

1. 面粉过筛，吉利丁泡冰水，蛋黄和糖持打蛋器搅拌均匀，再添加面粉拌匀，做成蛋黄液备用。
2. 将牛奶倒入中型锅中，移至火炉上煮滚，倒 1/2 牛奶到蛋黄液锅中，混合均匀，全部材料回倒入牛奶锅中，继续一边煮，一边手持打蛋器彻底搅拌锅底，避免结粒和烧焦，直到煮滚，呈现浓稠的糊状。离火，加入吉利丁片，拌匀后倒入宽平盘中，将保鲜膜贴盖在卡士达酱表面，放入冰箱冷藏直到冷却后食用，也可提前一天做好。

吐司悄悄话

※ 蛋糕加面包做成的甜点面包，大家都很熟悉，小小的法式甜点费南雪与质地绵密的小小金砖吐司，搭配出平凡又颇具吸引力的糕点。

隔夜或冷冻吐司 ❤

{烤鲜奶吐司}

材料

4片	隔夜或冷冻吐司
100g	葡萄干
3个	全蛋
1根	新鲜香草豆荚
适量	朗姆酒
500mL	牛奶
100mL	鲜奶油
少许	糖粉

做法

1 把葡萄干浸泡在朗姆酒中，取出葡萄干，使用前沥干。

2 从香草豆荚取出香草籽，再连同豆荚、1/2牛奶和鲜奶油一同放入锅中煮滚，离火后倒入剩下的1/2牛奶和打散的全蛋，混合均匀，挑出香草豆荚。

3 吐司切除四边，再对切成长方形块，将面包放入做法2的锅中，让面包完全吸收奶蛋液。

4 取一个玻璃容器，将面包与奶蛋液全部倒入，最后表面撒上葡萄干。

5 放入已预热至170℃的烤箱，烤至表面金黄色、液体凝固，即可出炉。

6 食用前，撒上少许糖粉装饰。

吐司悄悄话

※ 这道甜点能解决所有吐司久存后的食用问题，干吐司能吸收更多的牛奶蛋液，记得多留一点时间吸收就可以。

※ 将牛奶和鲜奶油加热是为了帮助吐司吸收汁液，若使用新鲜面包、重奶油的丹麦吐司或者可颂，则不需要加热。

全麦吐司❤

蛋饼狂想曲

※ 通常西班牙蛋饼的主材料之一是马铃薯，这回将马铃薯换成吐司是一种尝试，打破一般三明治的夹蛋方式，重新组合，对吐司的爱永远都能找到新方法来表达。

※ 西班牙蛋饼食材简单、好吃，又很平易近人，学会之后，经常忍不住想变着花样来做，这就是这道异国料理让人永远吃不腻、爱不完的秘密。

材料

3 片	全麦吐司
6 个	蛋
1/4 个	甜红椒
1 小把	菠菜
1/4 个	洋葱（切细丝）
2 头	大蒜（切末）
1 小把	巴西里（切粗碎末）
适量	色拉油
少许	盐及胡椒粉

做法

1 将吐司边切掉后，再切成小块；菠菜洗干净沥干水；甜红椒切开除去内籽，再切成小丁；蛋打散，备用。

2 准备一口小锅，放入少许色拉油，移到火炉上，开小火，首先将大蒜爆香后，加入洋葱与少许水，等洋葱炒软之后，加入红椒与菠菜，等水收干后，使用盐与胡椒粉调味。

3 吐司与蛋放在一口大钵内，再将炒好的蔬菜加入混合。

4 平底锅中倒入适量色拉油，将锅移至火炉上，开中小火，油热之后，将大钵的混合物全部倒进平底锅中。

5 待蛋液煎成饼，撒上巴西里碎末，取一个平底瓷盘盖住平底锅表面，将蛋饼倒扣在瓷盘上，再将瓷盘上的蛋饼滑放回到平底锅中，如此来回做两次，两面蛋饼皆煎熟即可起锅。

冷冻吐司❤

吐司丁汉堡

这道吐司丁汉堡，也可以蘸花生芹菜优格酱一起吃，做法参见 P.19。

材料

4 片	冷冻吐司
200mL	牛奶
1 个	蛋（取蛋白）
适量	生菜沙拉
少许	红洋葱圈
少许	帕马森起司

汉堡肉材料

200g	牛绞肉
1/2 个	洋葱
少许	橄榄油
1 个	蛋黄
少许	盐
少许	胡椒粉
少许	郁金香粉
少许	小茴香粉
少许	辣椒粉

做法

1 将吐司切边后再切成骰子状；洋葱切碎，挤出水分。汉堡肉所有材料混合，与吐司块揉成肉饼，放入冰箱冷藏 30 分钟。

2 将肉饼取出，刷上牛奶、蛋白液后，表面蘸上吐司丁。

3 取一口油锅，将油预热至 180℃，将肉饼放入油锅，炸至单面上色后翻面，表面吐司块呈金黄色后，取出未熟肉饼，再将肉饼放入已预热至 200℃的烤箱，烤 10 分钟或者肉排已达到设定要求的熟度，便可以出炉。

4 食用时可以放入生菜沙拉、帕马森起司与红洋葱圈。

白吐司❤

甜椒薄片与香料薄片

材料

10片　白吐司
少许　橄榄油
少许　盐
少许　胡椒粉
少许　匈牙利甜椒粉
少许　意大利综合香料
少许　干巴西里

做法

1 10片吐司首先切薄片，去边后再对切成长方形，平铺在烤盘上，取5片均匀涂上橄榄油，撒上胡椒粉、盐与匈牙利甜椒粉。

2 再将另5片吐司涂上橄榄油，撒上胡椒粉、盐、意大利综合香料、干巴西里。

3 吐司放在铺好烤盘纸的烤盘上，再平整压上另一个烤盘，放入已预热至170℃的烤箱，烘焙20～30分钟，其间要数次翻面，直到吐司烤成色泽金黄的饼干状薄片。

吐司悄悄话

甜椒薄片可搭配菠菜奶油酱（做法参见P.18），香料薄片可搭配莎莎酱（做法参见P.19）。

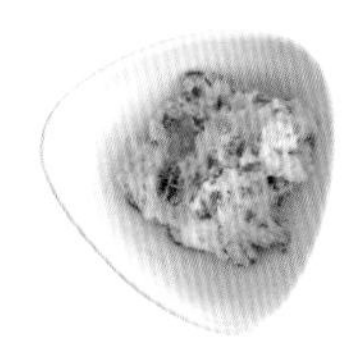

白吐司❤

面包丁佐沙拉

材料

适量　白吐司
1包　生菜沙拉
3大匙　千岛酱

做法

1 将吐司从冷冻室取出，切成大小一样的小丁，放入已预热至120℃的烤箱，烤至表面金黄。烘烤时需不断翻动确保受热均匀，冷却后放入密封盒保存。

2 将处理过的生菜沙拉放入沙拉碗中，食用前淋上千岛酱、撒上吐司丁。

吐司悄悄话

※ 想做成有香料风味的吐司丁，可以撒上香料再放进烤箱烘烤。

※ 想把沙拉当主食，可以将新鲜吐司切成大块，火腿片、鸡肉片及起司片一同放入沙拉内。

吐司魔方

※ 面包搭配洋葱汤及南瓜汤。将面包切成四方体，中间切口划开，夹在盛汤的瓷碗边上，增加乐趣。

葡萄吐司❤

吐司串与起司火锅

材料

2片　葡萄吐司
100g　芳提拿起司

做法

1 取锯齿刀将吐司切成厚片再切成丁。

2 芳提拿起司放入微波炉，慢慢加热熔化，也可以取一口锅加上水，放在炉上加热，再将起司放上，以隔水加热法熔化起司。

3 可以将吐司丁串在竹签上之后蘸着起司火锅吃。

吐司悄悄话

※ 芳提拿起司适合做起司火锅，除了吐司之外，竹签上还可以串上水果、棉花糖。

※ 单片枫糖烤吐司切块之后，再蘸起司，吃起来也是一大享受。

白吐司 ❤

覆盆子糖薄片

材料

5片　白吐司

5g　覆盆子粉

100g　奶油

100g　砂糖

2.5g　盐

做法

1. 白吐司切除硬边，再切成长条状与三角状的薄片；将奶油和盐混合，涂抹于吐司上；覆盆子粉与砂糖混合，均匀撒在吐司上，放在铺有烤盘纸的烤盘中。

2. 在烤盘中的吐司上平整地压上另一个烤盘，放入已预热至170℃的烤箱中，烘焙20～30分钟，在此期间要数次翻面，确保吐司两面受热均匀，烤成色泽金黄的饼干状薄片。

吐司魔方

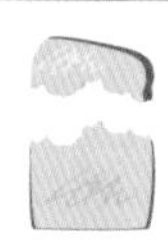

※ 覆盆子粉不常见，可用肉桂粉、可可粉或椰子粉等代替。

※ 糖可改用黑糖、二号砂糖*或珍珠糖，若改为糖浆，如蜂蜜、枫糖浆、麦芽糖、果糖，则用量要适当减少。

※ 糖薄片吃法和饼干大同小异，可以佐牛奶、咖啡、热巧克力、优格或布丁，也可做成千层派。

*二号砂糖是蔗糖首次结晶后产的糖，具有焦糖色泽（微焦黄）与香味。

吐司边 ❤

吐司棒与黑咖啡

吐司边烤成金黄的吐司棒之后，就成了酥脆可口又漂亮的饼干，搭配黑咖啡就是一道迷人的下午茶点组合。

材料

适量　吐司边
适量　奶油

做法

1 将吐司边切成棒状。
2 奶油熔化后，放入杯子中，将吐司棒全部蘸满奶油。
3 将吐司棒放入已预热至 120℃的烤箱，烤焙过程需翻动 1 ~ 2 次，直到吐司棒呈金黄色，口感酥酥脆脆，冷却后放保鲜盒或密封罐保存。

面包边或冷冻面包❤

创意饼干

材料

足量　面包边或冷冻面包
适量　奶油

做法

1 将面包放入搅拌机，研磨成粉，均匀摊在烤盘上，放入已预热至100℃的烤箱，烤约30分钟或更久。烘烤时，需翻动面包粉数次，确定表面均匀地呈现金黄色，面包粉干燥且不粘手，放凉备用。

2 奶油放室温软化，与面包粉混合后，揉成面团，便可放入半圆模型和方形巧克力模型中，手指紧压，表面压平，放入冰箱冷冻室，经过至少8小时，可定型后，将面包脱模取出，即是创意饼干。

※ 烤好的面包粉，冷却后可放入塑料袋或密封罐内保存。

※ 运用模型将面包粉做成饼干，食用时佐冷汤、沙拉、冰淇淋、原味优格、意大利奶酪都很适合。

※ 不爱吃的面包皮、餐后剩下的一两片面包，或者做三明治剩下一些切边，都可以拿来重新利用，用前要将它们磨成面包粉。

※ 每一台烤箱的温度都不一样，判断面包粉是否烤干的最佳方式是眼看、手摸 。

面包粉❤

苏格兰油炸鸡蛋

材 料

适量　面包粉
少许　面粉
200g　绞肉
6个　鸡蛋（做水煮蛋）
2个　鸡蛋（打散取蛋液）
1个　蛋黄
适量　油（炸鸡蛋用）
少许　油
少许　盐及胡椒粉

调味料

少许　咖喱粉
少许　匈牙利红椒粉
少许　黑胡椒粒
少许　小茴香粉

做 法

1 取一个大钵将绞肉放入，再加入调味料、油、盐、胡椒粉及蛋黄混合，将一小匙肉，以便利的方式做熟后试吃，根据情况确定是否需要再调味。将大钵内的肉来回数次摔出弹性。

2 取一口锅，注入足够的水，放入6个生鸡蛋，开中火煮约10分钟，关火后，蛋浸在水中直到水冷却，待水煮蛋的蛋白变硬、蛋黄全熟，去壳备用。

3 取少许绞肉包住水煮蛋，裹上面粉，再蘸上全蛋液和面包粉。

4 放入已预热至180℃的油锅中，炸至肉熟、表面呈现金黄色。

※ 苏格兰油炸鸡蛋在国外的熟食店是平民小吃，一般是使用香肠肉将蛋包裹住，所以没空做绞肉的话，将香肠剁碎，也可以做出口味不错的苏格兰油炸鸡蛋喔！

※ 马来西亚菜和泰国菜都有炸鸡蛋的小菜，俄罗斯风格的料理也有类似做法，即用米饭将水煮蛋包裹上，外面再裹上肉馅，最后裹上面团，烤熟食用。

切割吐司的工具

(由左及右，由上而下)

1 铁尺
2 圆慕斯圈（五种尺寸）
3 刀片
4 长方形慕斯圈（两种尺寸）
5 弓形小抹刀、小抹刀
6 切面包专用锯齿刀

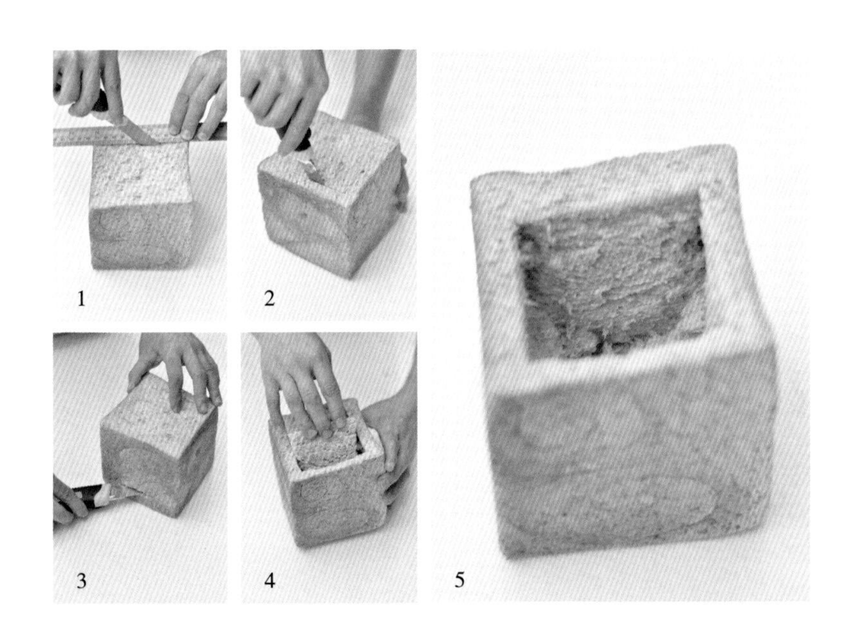

吐司与吐司盒切割法

1 冷冻：吐司在冷冻后有一定的硬度，取出解冻后，切割时也不易变形。
2 切割：锯齿刀，用法是一前一后往下切。
3 挖空：刀片沿着吐司四面向下切至吐司 3/4 处，再持小抹刀从吐司盒外，一样深度，插入刀片切割吐司底部，取出中间的吐司。
4 烘烤：烤过的吐司盒较硬，也能固定外形，使吐司不走样。
5 处理：切割下的吐司，可调味或烘烤后再放回吐司盒内。

后记

吐司，我挺你！

我是一个山东人，对于我来说，面包跟馒头一样，吃面食就是天经地义。

五花八门的面包比千篇一律的山东馒头有趣多了，二者较量的话，理所当然我会投面包一票。

我常常逛面包店，这些面包店一家比一家大。各家的面包都爱做梦，想当新一波浪潮的主力军。于是纷纷争先恐后地制造话题、改变造型，还会举办各种活动，争相推陈出新，想要长江后浪推前浪。

对于我最爱的吐司，我要说，我知道很多面包嫉妒你，有拥有庞大家族的菠萝面包、丹麦面包，有经常出国比赛得奖的欧式面包，有从美国来搅局的贝果，还有来抢粉丝的意大利籍比萨饼、佛卡夏，最具威胁力的是罗宋，还有爱发出奶油香味、搔首弄姿的可颂，强敌云集，但，吐司别担心，你的族人也够庞大，相信我，吃贝果只是一时的时尚行为，可颂只是被当成甜点而已，棍子面包出国比赛是获得了一点加分，但还是有很多人咬不动呀！意大利面包就跟足球一样只是一部分人为之疯狂罢了……尽管多年来你立足本土，但别忘了其实早年我们也曾留学日本，而且不断取经，质量早已达到国际水平，最近听说汉堡不可一世，在市场上仗势欺人，但是怎能像你一样做成三明治，冷热皆宜呢？所以，亲爱的吐司不要妄自菲薄。

日常生活中与我们关系最亲密的面包就是吐司，它以最朴素的面貌呈现，却能发挥最多样的功能，焗烤、佐汤、做甜点，变化多端，其他哪一种面包能像吐司这样好操作呢？如果你需要一款坚定踏实又灵巧多变的面包，不选吐司，还要选谁呢？

吐司，别怕！我挺你。

后记

学习做一片吐司

或许人生中会有许多意想不到的成就，其实也都是由学习而来，就像学习做面包一样，有了土法炼钢的基础，之后熟练掌握按部就班的制作程序，再学随时应付变化多端的面团，虽然看似每天重复一样的劳动，实际确是天天面对不同的挑战，一点都马虎不得，松懈不得，否则怎能做出好面包来？

吐司是餐饮之本，从早餐吐司、中餐三明治到下午茶点心，还有晚餐、消夜，吐司把每一个时刻的角色都扮演得恰如其分。

人与吐司很像，有些人是三明治，对世界充满好奇，喜欢不断学习；有人是红豆、葡萄吐司，永远有着令人羡慕的好人缘；有人甘愿做个循规蹈矩的上班族，就像白吐司；还有人野心勃勃，到处闯荡，一心想成为探险家，如同丹麦吐司。不管你是哪一种“吐司”，想成为一片好的“吐司”，都需要热情、耐心和不怕失败的精神。并非人人都能成为“吐司之王”，但我们要学习一片有用的吐司，保持朴实谦卑、低调自持的态度，以及雪中送炭、与世无争的品格，在需要的时候抚慰人心，我正在努力试试看！

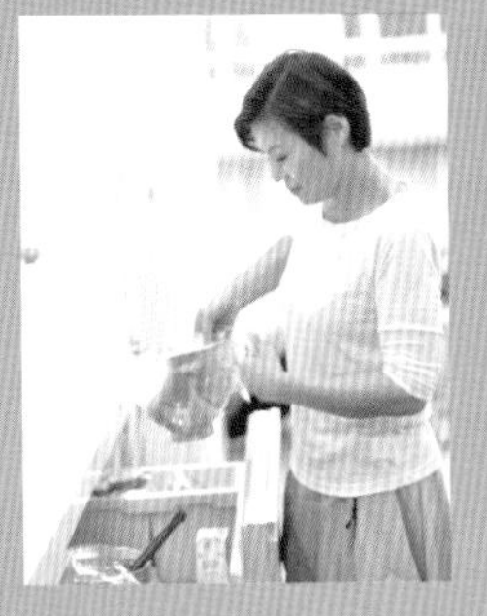

感谢，Toast！

一口气把书上所有三明治全部做出来，我忙得差点就要疯掉，幸好有 Yamicook 厨艺教室及潘秉新小姐的支援和鼓励做后盾，还有最佳工作团队嘉琪姐、阿民、阿和、美龄及侯莉的鼎力相助！

非常非常感谢的还有：

最佳演出周以恩、阮棠和阮棠的奶奶
赞助美味吐司的日光大道健康厨坊 Sonnentor Cafe
赞助面包机的丞洋企业股份有限公司 Cuisinart
提供厨具、餐具并协助拍摄的俊欣行
行侠仗义鼎力相助的陈添寿、吴庆鸿、阮少凡
默默支持的陈惠珍、陈宏伦、吕明浩、Kenny、Nora、Jacueline
赶来加油探班的洁西与汤姆
大力提供化妆支持的佳真 Jennifer。
西方文化中在餐桌上敲杯子，然后一起举杯敬酒，称为 Toast。
在此我也举杯向所有关心、帮助我的亲朋好友表示感谢！

举杯，Toast！

我的第一台面包机

其实，我正式拜师学艺上的第一堂课不是甜点课而是面包课，从传统台式面包开始学起，上完课懂点皮毛之后，觉得做面包有什么难的呢？

数年前，我在法国进修期间爱上法国面包。当时住在面包店楼上，经常跟着面包师三更半夜起床，潜进面包店的厨房，看着成群结队的面包在烤箱中进出，面包师傅不停地将刚出炉的烫手的面包丢进竹篮里，从烤箱散出来的麦香与热气，让人感觉温暖又踏实，而我则认定吃到几乎烫口的面包是种特权，享受这种幸福，就算睡眠不足也值得。

在巴黎蓝带学校专业甜点课程中有一整周的面包课，了解整个面包制作过程之后，发现做面包真的太有学问了。做面包的人是造福，吃面包的人是享福，而我习惯享福。

直到有一天，弟弟买了一台面包机说："这很好用，你试试看，还可以做年糕、萝卜糕。"正好老爸一向对外面的食物信心不强，一来出于健康需求，二来出于节俭的习惯，于是想做面包给爸爸吃也很好。一经尝试发现，原来面包机简单到不用学都能操作喔！还可以根据老爸选定的材料，做他想吃的面包！

面包机使用守则

请依序放入：

湿性材料（水、牛奶、鸡蛋）

糖和盐

干性材料（面粉、奶粉、调味品）

酵母（一定要与糖、盐分开）

搅拌时要观察面团干湿是否正常，太湿或太干，要再加入面粉或水、油。

听到第一次"哔哔"声，可以手动将缸内的材料拌匀（此步骤也可不要）。

听到第二次"哔哔"声，马上放入添加物如干果等。

烤焙时间一到，马上取出面包，并放在隔热架上待凉。

图书在版编目（CIP）数据

蓝带甜点师的百变吐司/于美瑞著.—郑州：河南科学技术出版社，2013.7（2017.4重印）
ISBN 978-7-5349-6158-8

Ⅰ.①蓝… Ⅱ.①于… Ⅲ.①面包-制作 Ⅳ.①TS213.2

中国版本图书馆CIP数据核字（2013）第112579号

出版发行：河南科学技术出版社
地址：郑州市经五路66号　邮编：450002
电话：（0371）65737028　65788613
网址：www.hnstp.cn
策划编辑：李　洁
责任编辑：杨　莉
责任校对：李淑华
责任印制：张艳芳
印　　刷：河南新达彩印有限公司
经　　销：全国新华书店
幅面尺寸：170 mm×235 mm　印张：9　字数：110千字
版　　次：2013年7月第1版　2017年4月第2次印刷
定　　价：29.80元